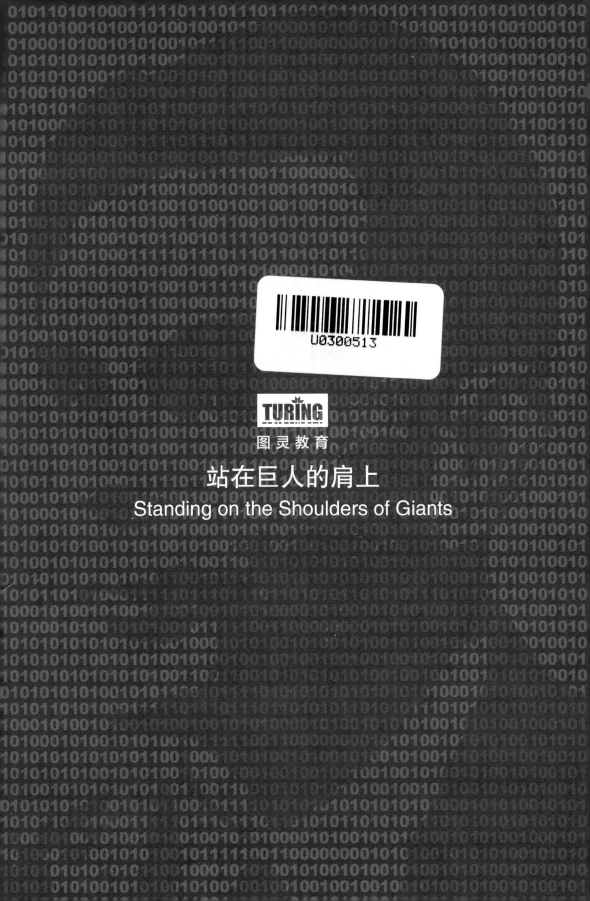

U0300513

TURING
图灵教育

站在巨人的肩上
Standing on the Shoulders of Giants

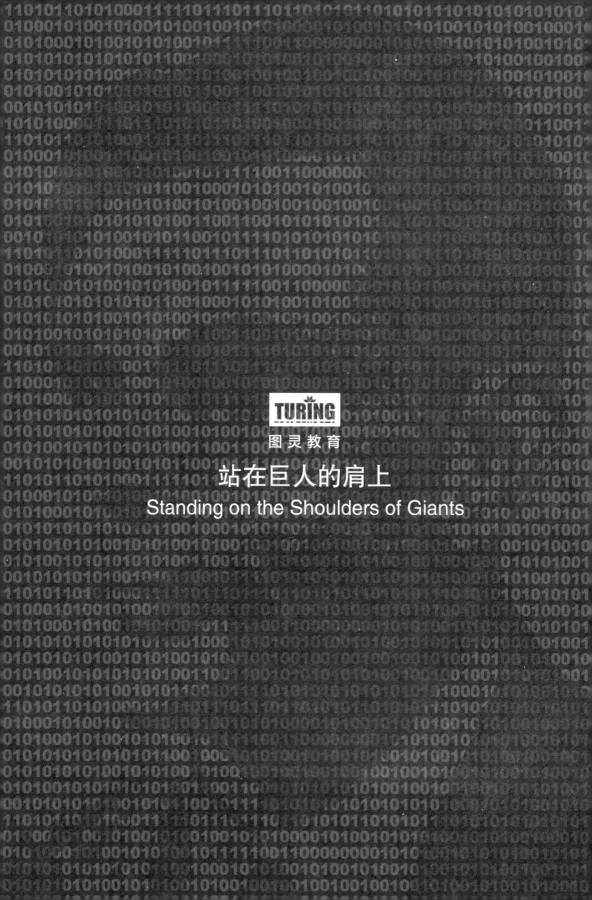

TURING
图灵教育

站在巨人的肩上
Standing on the Shoulders of Giants

TURING 图灵原创

用户体验四维度

李潇 著

人民邮电出版社

北京

图书在版编目（CIP）数据

用户体验四维度 / 李潇著.-- 北京：人民邮电出
版社，2022.1
（图灵原创）
ISBN 978-7-115-57953-9

Ⅰ.①用… Ⅱ.①李… Ⅲ.①人机界面 - 程序设计
Ⅳ.① TP311.1

中国版本图书馆 CIP 数据核字（2021）第 235867 号

内容提要

本书阐述的"用户体验四维度"，既着力扎根生活，又力求深入浅出。围绕"本质是什么，影响因素是什么，如何做到更好"这三个核心思路，本书探讨了人与界面、人与内容、人与人和人与品牌的交互体验，涵盖了根需求、功能架构、信息架构、交互设计、UI 设计、知识型 UGC、信息型 UGC、社区调性、广告传播等内容。

本书适合所有对用户体验感兴趣的从业者和学生。

著　　　　李　潇
责任编辑　张　霞
责任印制　周昇亮

人民邮电出版社 出版发行　北京市丰台区成寿寺路 11 号
　　　　　　　　　　　　邮编　100164　电子邮件　315@ptpress.com.cn
　　　　　　　　　　　　网址　https://www.ptpress.com.cn
雅迪云印（天津）科技有限公司 印刷

开本　　700×1000　1/16　　　　　印张　　12
字数　　202 千字　　　　　　　　2022 年 1 月第 1 版
定价　　79.80 元　　　　　　　　2022 年 1 月天津第 1 次印刷

读者服务热线：(010)84084456-6009　　印装质量热线：(010)81055316
反盗版热线：(010)81055315
广告经营许可证：京东市监广登字 20170147 号

前言

20 世纪 90 年代中期，唐纳德·诺曼提出并推广了"用户体验"一词。

2011 年 2 月，一位设计师在知乎上创建了"用户体验设计"这一话题。如今这个话题下已有 18 万关注者和 5000 多个问题。

狭义用户体验，通常是指用户体验设计，或者更具体一点，是指交互设计和 UI 设计。我们很多人对用户体验的第一反应和主要反应，都是关于狭义用户体验的。比如，日常工作中和同事谈起自家产品的用户体验时，我们通常就是在谈它的交互设计。招聘网站上的"交互设计师"岗位，有的也会被写成"UE 交互设计师"或"UX 交互设计师"。

广义用户体验，则是超越设计的范畴，同时也包含设计。正如唐纳德·诺曼于 2018 年在旧金山的用户体验会议上所说的那样：用户体验是一切事物，是你体验世界的方式，是你体验服务的方式。用户体验当然也可以是你体验产品的方式。比如，一款 App 如果闪退，肯定会影响用户体验；一家电商网站的快递和售后服务，也会影响用户体验。

尽管越来越多的人已经知道或至少意识到用户体验的含义很广，但是当我们在工作中真正谈到要优化一款 App 的用户体验时，我们的第一反应和主要反应又都局限在那个狭义用户体验里面了。

这种思维定式，其实并不利于提升一款产品的用户体验。本书探讨的"用户体验四维度"，在为广义用户体验提供一个解读视角的同时，也希望能帮助大家慢慢突破这种思维定式。因为只有这样，才有可能让产品的用户体验迈上一个新的台阶。

具体而言，希望本书能做到以下两点：第一，帮助大家意识到，除了人与界面的交互体验，人与内容、人与人、人与品牌的交互体验同样重要；第二，针对人与界面的交互体验，本书提供了具体的优化建议，希望大家能在根需求（看不见摸不着的本质需求，或者叫内在需求）、功能架构和信息架构上下更多功夫，因为相比交互设计和 UI 设计，它们对用户体验的影响更为深远。

下面具体谈一下本书的核心思路、内容概要以及适合哪些读者。

核心思路

本质是什么？影响因素是什么？如何做到更好？

这便是本书的三个核心思路，贯彻全书始终。书中关于"用户体验四维度"的探讨，都结合个人经验和实际情况，紧扣这三个思路中的三个、两个或一个来展开：先从它们的本质入手，再分析它们主要受哪些因素影响，最后围绕如何把它们打造得更好提出一些建议。

内容概要

全书呈总分结构，共有 5 章，第 1 章为"总"，后面 4 章为"分"。

- 第 1 章介绍了用户体验四维度是什么，有什么价值，以及相互之间的关系。
- 第 2 章直接从如何打造更好的 HI X（人与界面的交互体验）入手，分别从根需求、功能架构、信息架构、交互设计和 UI 设计这五个方面进行了阐述。
- 第 3 章聚焦在 HC X（人与内容的交互体验）中的 UGC，阐述了知识型 UGC 目前面临的困境及对应的解决思路，同时描述了两类广受欢迎与尊重的信息型 UGC 以及如何打造它们。
- 第 4 章先着眼于 HH X（人与人的交互体验）的本质和七大影响因素，再阐述如何提升 HH X。
- 第 5 章主要阐述 HB X（人与品牌的交互体验）的本质和四大影响因素。

适合哪些读者

这本书既是写给大家的，也是写给我自己的。

做一款自己的产品是我的愿望，所以我会既涉猎产品、交互、UI 这三项工作，也关注诸如 UGC、社区氛围、品牌等其他相关内容。这本书给了我一个机会和一些压力，机会在于它把我曾经思考过的很多问题串联起来了，压力在于它也促使我思考了很多新的问题，这中间当然免不了很多求证、研究和优化。也正是因为这本书，以上所有问题才得以以一种有序的方式汇拢在一起。

本书主要适合三大类读者，分别是：一线从业者、相关从业者、创业者。

一线从业者，既包括产品经理、交互设计师、UI 设计师，也包括将会成为这些从业者的学生。

以产品经理为例，通过本书，你既可以了解到与自身相关的内容（根需求、功能架构、信息架构等），也可以了解到与交互设计师、UI 设计师相关的内容（交互设计、UI 设计）。于交互设计师和 UI 设计师而言，情况亦然。

相关从业者，既包括技术人员、运营人员、市场人员，也包括将会成为这些从业者的学生。

以技术人员为例，不管是出于工作需要（管理层，需要了解产品和设计），还是出于兴趣爱好，通过本书，你都可以了解到一些产品设计类内容。

创业者是指有志于在互联网行业创业的从业者和学生。

对于创业者，先重点推荐第 2 章"根需求"（参见 2.2 节）和"功能架构"（参见 2.3 节）部分，因为通过这两点，你可能会在习以为常的产品中发现新的机会。如果是对视频、音频、文章或知识内容感兴趣的创业者，再重点推荐第 3 章"知识型 UGC"（参见 3.2~3.5 节）和"信息型 UGC"（参见 3.6~3.8 节）的内容，原因有二：第一，未来更受欢迎的知识型 UGC 可能会是什么样子，以及如何打造它们，第 3 章给出了比较具体的畅想与描绘；第二，市面上广受欢迎与尊重的两类信息型 UGC，它们有哪些特点以及如何打造它们，第 3 章也做出了相应的总结并给出了建议。

其他内容

以上是关于本书的一些情况，接下来请允许我讲一件成书之后的事情。

完成本书后，我会正式启动一个工具型产品的项目。这款产品，基本会按照本书第 2 章（HI X）的内容来打造。具体而言就是，根需求方面，我们会有不同于竞品（市面上已有同类产品）的理解；功能架构方面，也会有不同于竞品的一套架构；信息架构、交互设计和 UI 设计方面，我们追求优秀。

这款产品的更多介绍以及后续动态（组队等），会更新到个人公众号"SnowDesignStudio"上。另外，如果大家对本书有什么建议，或者希望与作者进一步探讨交流，欢迎通过邮箱"leeoli@qq.com"与我联系。

最后，希望这本书能给大家带来一些帮助或启发。

李潇
2021 年 2 月

致谢

首先感谢读者朋友，包括但不限于公众号、站酷、PMCAFF、人人都是产品经理的读者朋友，你们对我文章的喜欢，帮助本书赢得了出版的机会。在这里要特别感谢一下站酷上那些可爱的设计师朋友，你们的留言给了我很多鼓励。

其次感谢本书编辑，来自人民邮电出版社图灵公司的张霞，你为本书提了非常多很好的修改建议，它们让这本书变得更好了。在把控本书语言、内容等方面时，你的专业、细致与敏锐让我很是敬佩。

目录

第1章 用户体验四维度

用户体验，是用户在使用产品过程中建立起来的一种纯主观感受。

解读用户体验，可以有很多视角。本书提供一个以人为本的视角：用户体验四维度。
具体如下。

HI X：Human Interface Experience，人与界面的交互体验。
HC X：Human Content Experience，人与内容的交互体验。
HH X：Human Human Experience，人与人的交互体验。
HB X：Human Brand Experience，人与品牌的交互体验。

用户体验四维度

1.1 四维度的概念

怎样判断一款产品有几个维度？这就要从四维度的概念说起。

1. HI X 的概念

HI X 是指用户在浏览、阅读、操作界面过程中产生的主观感受。

HI X 既受信息架构、交互设计和 UI 设计的影响，也受根需求和功能架构的影响。主要依托手机和电脑的互联网产品，天然存在界面。所以，HI X 属于基础属性，所有产品都有。

2. HC X 的概念

HC X 是指用户在消费内容时，内容本身带给用户的主观感受。

这里的内容，既包括衣服、鞋子等实体商品，也包括文章、图片、视频等虚拟内容。诸如淘宝、网易严选等电商产品，以及公众号、Instagram、抖音等 UGC 产品，都具备 HC X 属性。

3. HH X 的概念

HH X 是指用户与其他用户、产品工作人员沟通交流时产生的主观感受，或产品的社区氛围、沟通氛围带给用户的主观感受。

所以 HH X 有两层含义。第一层发生在用户与用户之间，是指当用户扎堆或沟通交流时，交流氛围、交流内容带给用户的主观感受。第二层发生在用户与产品工作人员之间，是指当产品依靠人力向用户提供咨询、售后、配送等服务时，产品工作人员的服务行为带给用户的主观感受。

关于第一层含义，不管是更强调社区属性的产品，比如天涯社区、豆瓣小组、百度贴吧，还是更强调内容属性的产品，比如公众号、微博、小红书的笔记，都具备 HH X 属性。

关于第二层含义，常见的 HH X 由客服人员提供。如果是电商产品，提供人员还包括快递员和售后人员等。

4. HB X 的概念

HB X 是指当用户想起、谈论起品牌，或使用品牌的产品、体验品牌的服务时，品牌带给用户的主观感受。

只要一款产品做成了品牌，它就有 HB X 属性。

HB X 会直接影响到我们是否信任、喜欢一个品牌，以及是否会使用它的产品和服务。所以，我们对 HB X 往往会有一个抓重点的综合评价。就像一个外向活泼的女生，虽然在外向程度方面和一个内向安静的男生不一致，但双方也可能会选择在一起，因为内向、外向并非双方关注的重点。

因为 HB X 牵涉到对品牌的综合评价，所以就像工作都有一段试用期、恋爱都有一段了解期一样，HB X 的形成往往也需要较长时间，通常至少要 3~5 年。

1.2 四维度的价值

每一个维度，各有什么价值？

1. HI X 的价值

作为基础属性，HI X 的价值主要体现在以下两方面。

如果是一款只具有 HI X 属性的工具型产品，比如视频会议产品 Zoom，那于这款产品而言，HI X 就是一切，这款产品的成败也几乎完全取决于 HI X。

如果是一款同时具有 HC X、HH X 属性的内容型社区型产品，比如 B 站、快手这些视频类产品，那此时的 HI X 就会扮演一个类似交通出行（基础设施）的角色。如果 HI X 比较差，这个"出行"过程就会像出去玩时的塞车一样，让人难受；如果 HI X

很优秀，这个"出行"过程就会像准点的高铁、飞机一样，又快又爽。

2. HC X 的价值

HC X 主要从内容层面影响用户满意度。

如果 HC X 比较好，用户消费时的决策时间就会被大大缩减，同时用户满意度也会比较高。比如淘宝上就有一些原创设计、质量不错、价格不贵的精品小店，很受欢迎。我们去网易严选、优衣库天猫旗舰店这些质量不错、设计不错、价格适中的店铺买东西时，也会很快很省心。

以上说的是电商产品，对于 UGC 类的内容产品，也是类似的道理。比如站酷上的首页推荐和编辑推荐，相对而言，HC X 比较不错，所以看这些内容的用户也会比较多。

3. HH X 的价值

HH X 是用户情绪的最大影响因素，在情感方面对用户具有最大吸引力。

物以类聚，人以群分。HH X 良好的产品，会像一场谈笑风生、其乐融融的聚会，吸引用户去扎堆。

良好的 HH X 往往意味着良好的氛围，它不仅能带给我们诸如轻松、愉快等积极情绪，还能在一定程度上带给我们一种归属感。最终的结果，就是我们喜欢用这款产品。比如 B 站的 HH X 就比较好，具体而言就是弹幕氛围比较欢乐友好，这样的氛围带给用户的感觉是比较好的，用户也喜欢在 B 站就着弹幕看视频。

4. HB X 的价值

HB X 事关品牌能不能以正面形象住进用户心里。

良好的 HB X，往往意味着良好的品牌美誉度和忠诚度。HB X 良好的产品，就像你信任和喜欢的男 / 女朋友一样，他 / 她会在你心里占据一定的分量和地位，让你乐意介绍给家人和朋友认识。比如苹果的 Mac，就有很高的品牌美誉度和忠诚度，用户也很乐意把 Mac 推荐给身边的朋友。

1.3 四维度的关系

四维度之间存在怎样的关系？

1. HI X 是另外三个维度的基础

HI X 作为基本维度，相当于"水之源，木之本"。如果把用户体验四维度比作一个金字塔的话，塔底的基石一定是 HI X，塔尖则是 HB X。

2. HC X 通常是 HH X 的基础

HH X 的产生，通常离不开 HC X。也就是说，通常得有一个合适的"内容"或"主题"，才能把人聚拢过来。比如结婚的时候，你可以邀请到很多亲朋好友来参加婚礼，但在平时，你很难邀请到这么多人。我们在 B 站看视频的时候，弹幕通常比较欢乐友好，氛围不错，但如果没有这些视频，也就不会有这些弹幕，以及不错的社区氛围。

3. HI X、HC X 和 HH X 共同构成了 HB X 的基础

HC X、HH X 和 HI X 一样，都可以成就 HB X。

以早期 Keep 为例，刚开始只有课程这个功能，也就是说只有 HI X 和 HC X 这两个属性。其中，HI X 还可以，HC X 比较优秀。在此基础上，慢慢发展出了社区功能（HH X 属性），而且做得不错。再往后，有了"自律给我自由"的品牌精神。在课程、社区、品牌精神等因素的助力下，Keep 有了不错的品牌美誉度和忠诚度。也就是说，HC X、HH X 和品牌精神等因素，一起成就了良好的 HB X。

4. HB X 也可以仅有 HI X 这一个基础

有些产品并不具有 HC X 和 HH X 这两个属性，而是仅有 HI X 这一个属性。单凭一个良好的 HI X，也可以成就良好的 HB X。

比如 Zoom，作为一款开视频会议的工具应用，它最初只有 HI X 这一个属性。但是因为很好用，HI X 很优秀，所以如今的 Zoom 即便没有内容（HC X）和社区（HH X）属性，依然成了一个在全球都很受欢迎的品牌，拥有了不错的 HB X。

总的来说，在四维度的金字塔里面，它们的关系如下图所示。

用户体验四维度的金字塔关系

第 2 章　HI X：人与界面的交互体验

接下来，本书会围绕以下四点来展开：四维度各自的本质、种类、影响因素，以及如何把每一个维度打造得更好。

先从最基本的 HI X 开始。

有哪些因素会影响到 HI X？如何把这些影响因素打造得更好？这便是本章要探讨的两大问题。

2.1　影响 HI X 的"五只手"

影响 HI X 的主要因素有五个，这里称之为"五只手"。具体而言，是一只"看不见的手"和四只"看得见的手"。一只"看不见的手"为：根需求。四只"看得见的手"为：功能架构、信息架构、交互设计、UI 设计。

先说下"五只手"的概念。

"五只手"中，交互设计、UI 设计是比较大众化的概念，所以我们仅在根需求、功能架构、信息架构的部分（2.2~2.4 节）介绍各自的概念。同时还会在 UI 设计部分（2.6 节）简单介绍交互设计和 UI 设计的区别。

再说下"五只手"之间的关系。

有形的界面（四只"看得见的手"），用来满足无形的根需求（一只"看不见的手"）。根需求是"五只手"的核心。

产品功能是根需求的具象表达，而功能架构在讲产品功能，所以某种程度上，功能架构是根需求的具象表达。

2.2 "看不见的手"：根需求

用户需求可以分成两类：根需求、枝需求。

所谓根需求，是指那些对应产品定位的且用户看不见摸不着的抽象需求。它们如树根一样，虽然看不见，却是根本。

产品定位又分为核心定位和非核心定位。核心定位，是指产品最主要的定位。它通常也是大家对一款产品的第一反应：谈起微信，大家第一个会想到联系彼此而不是微信转账；谈起抖音，大家第一个会想到刷短视频而不是看直播。产品的核心定位通常只有一个。核心定位以外的定位，统称为非核心定位。比如微信转账对应的微信支付，以及抖音的直播，都属于非核心定位。非核心定位的数量存在弹性：可能是零个，也可能是多个。不管哪种定位，它的根基都是用户价值。没有用户价值，产品定位就无法成立，这一点请大家注意。

根需求又可以分成两类：主要根需求、次要根需求。

主要根需求，是指那些对应核心定位的根需求。树木一般有 1~3 个粗壮的主根，主要根需求和这些主根有点类似——"粗壮"且数量稀少；如前所述，根需求是抽象的。综合以上两点，可以推导出主要根需求的特点，那就是：宏大、抽象、极简（1~3 个）。

至此，大家可能会有疑问：核心定位和主要根需求是一一对应的，既然核心定位通常只有一个，那主要根需求为什么会有 1~3 个？个人的理解是繁简相成，也就是说，繁和简是相互成就、相互转化的。比如小明要开一家早餐店，店的核心定位就是"早餐"，顾客的需求则包含卫生、美味、健康、营养、便捷、实惠，等等，小明至少要把其中的两三点列为主要根需求，才有可能把这家早餐店经营好。

次要根需求，是指那些对应非核心定位的根需求。核心定位和非核心定位主要有两个区别，一是主次之别，二是数量上的区别。所以次要根需求除了数量可能与主要根需求不同，其他地方二者基本一致。也就是说，次要根需求的特点是：宏大、抽象。

当树木的主根长到一定程度，会生出新的分支，这样的分支就是侧根。类似的道理，当用户的主要根需求得到满足时，我们再去考虑满足用户的次要根需求，会更符合自然之道，也更容易成功。

所以本书的探讨重点将是根需求中的根需求：主要根需求。对于次要根需求，暂不做深入探讨。

2.2.1 从根需求到枝需求

说完根需求，再来看枝需求。

所谓枝需求，是指那些由根需求生长出来的且用户看得见摸得着的具象需求。类似一树真实的树枝，枝需求的特点是：微小、具象、繁多。

以微信为例，它满足的主要根需求是"即时通信"，次要根需求包含"好友动态分享""获取资讯""电子支付"等。"即时通信"对应的产品功能是"聊天"，"聊天"生长出来的枝需求非常多，比如：通讯录、查找联系人、备注联系人信息、文字聊天、语音聊天、视频聊天，等等。"好友动态分享"对应的产品功能主要是"朋友圈"，"朋友圈"生长出来的枝需求也很多，比如：发图片、发视频、发文字、朋友圈隐私设置、点赞、评论，等等。

先有主要根需求，再有对应的功能架构，后有相应的枝需求。根深枝茂，根固枝荣。主要根需求类似战略方向，如果战略方向出了问题，则败局基本已定。枝需求首先源自主要根需求，主要根需求对了，枝需求也基本稳妥——即使枝需求出现了问题，也不会对全局产生毁灭性影响，这些问题还可以通过"修剪"的方式来解决。

现实生活中，人们在主要根需求上下的功夫往往不够：在还没有精准探索出主要根需求时，就过早陷入了琐碎的枝需求；或者在主要根需求还没有完全得到满足时，就迫不及待地要去满足用户的次要根需求。这也是本书要重点探讨主要根需求的一个现实原因。

根需求是用户的根需求，而用户又可以分成两大类：消费型用户，生产型用户。

所谓消费型用户，是指只发生"消费"行为的用户；所谓生产型用户，是指既发生"消费"行为也发生"生产"行为的用户。

比如一款纯工具型产品，其用户皆为消费型用户；再比如一款文章类 UGC 产品，其用户既有看文章的消费型用户，也有写文章的生产型用户。

虽然根据二八原则，消费型用户的数量远大于生产型用户，好像只要满足消费型用户的主要根需求就万事大吉了，但实际上，长远来看，消费型用户的主要根需求和生产型用户的主要根需求是正相关关系。也就是说，只有一方的主要根需求得到满足时，另一方的主要根需求才会得到满足，二者要么同时得到满足，要么同时得不到满足。那些"重消费者轻生产者"的产品，无法真正满足两方的主要根需求。

以聚焦固定职业的文章类 UGC 社区为例，如果作者（生产型用户）的主要根需求能够得到很好的满足，自然就能不断吸引并留住优秀作者。优秀作者生产的优秀内容，自然会吸引大量读者（消费型用户）。最终这个社区会得到作者、读者双方的高度认可，并进入长期良性发展的循环。

2.2.2 探索主要根需求：生产型用户视角

"从根需求到枝需求"部分（2.2.1 节）提到了微信满足的主要根需求是"即时通信"。微信作为一款渗透率极高的国民应用，我们对它的关注已足够多，对它的研究也比较深，所以我们能很容易地说出它所满足的主要根需求是什么。但是，对于那些我们关注不够多、研究不够深的产品来说，我们往往无法马上说出或无法笃定地说出它们所满足的主要根需求是什么。

这时候，就需要历经一番扎实的探索，才能发现产品背后的主要根需求是什么。下面将以资讯产品为例，来开启这趟探索之旅。

之所以选择资讯产品，原因有二。其一是包括微信公众号、今日头条、搜狐新闻在内的资讯产品，既有作者这样的生产型用户，又有读者这样的消费型用户，与仅有消费型用户的产品相比，情况更为复杂；其二是我们大部分人属于资讯产品的消费型用户，容易代入其中。

本节先探索生产型用户的主要根需求。所用方法是：大胆假设，小心求证；二次验证。

1. 大胆假设，小心求证

大胆假设，会先紧扣主要根需求的特点，再结合产品及用户特点。

先来回顾主要根需求的特点。

主要有三点：宏大、抽象、极简（1~3 个）。主要根需求通常有 1~3 个，我们不妨就用 3 个抽象的短语，甚至 3 个抽象的词语来概括它。一开始可以多罗列几个，把不太确定的也包含进来，最后再用排除法，将结果尽可能精简到 3 个以内。

再来结合产品及用户特点。

资讯产品里的生产型用户是一群为资讯产品创作各种内容的作者，他们的主要根需求可以归纳为两点：物质回报，精神回报。物质回报和精神回报，够宏大、够抽象、够极简。实际上有点过于宏大和抽象，还可以再展开一下，分为：阅读量（偏物质回报，意味着潜在的广告收入或者平台奖励等）、盈利（物质回报）、关注量（介于物质回报和精神回报之间）、知名度（偏精神回报）、美誉度（偏精神回报）。其中阅读量和关注量都不够抽象，所以还要再加工。这两者都与内容分发有关，在内容分发这块，作者最在意的且能够服众的东西就是公平。知名度和美誉度都与品牌有关。

对于那些专职做自媒体或业余时间花了很大精力做自媒体的作者 / 机构而言，只有盈利才能活下去，才能谋发展，所以盈利也极为关键。综上，作者的主要根需求可以再次加工成：公平、成为品牌、盈利。

公平，很宏大也很抽象；成为品牌，够宏大够抽象；盈利，也是够宏大够抽象；只有这三点，符合极简。这就是依据主要根需求的特点进行的小心求证，结果没有问题，所以可以暂时把作者的主要根需求认定为：公平、成为品牌、盈利。

2. 二次验证

主要用事例来进行二次验证。

先验证"公平"。

公平主要和内容分发有关。在资讯产品里，作者和作者之间必然存在竞争关系：作者们都希望自己的文章能够获得更多阅读量。不管内容分发是以算法推荐为主，还是以社交推荐或编辑推荐为主，作者们都知道，唯有公平才能从根本上处理好这种竞争关系。不公平的话，作者们就会产生较为强烈的不服或不满情绪，尤其是那些较为优秀的作者，他们不会认可，至少不会高度认可这款资讯产品，而且内心已经做好了要在未来某一天离开的准备。所以，总的来看，公平作为作者的主要根需求，没有问题。

再验证"成为品牌"。

这个物质丰盛、信息爆炸、供过于求的时代，本身也是一个品牌的时代。品牌在一定程度上意味着品质、信任和效率。信息爆炸时代的读者在挑选资讯信息时，会依赖品牌。相应地，作者就有了成为品牌的需求，尤其是那些较为优秀的作者。在较长时间周期内，如果资讯产品不能帮助那些较为优秀的作者成长为品牌，那这些作者就会很失望，会觉得自己只是一个不断为资讯产品提供内容的人，处处被动。最终他们会不停地寻找那个能够帮助自己成为品牌的资讯产品。这种需求是如此强烈，乃至于如果一直找不到，他们甚至会搭建一个专属于自己的独立平台，比如一个独立博客或独立 App，以此来建设或强化自己的品牌。所以，总的来看，成为品牌作为作者的主要根需求，也没有问题。

最后验证"盈利"。

有一部分做资讯内容的自媒体是全职团队在做，比如公众号"乌鸦电影"。像这样的专职团队必然有盈利需求，一方面来覆盖人力、房租等成本，另一方面需要额外盈利来支持长远发展。还有一部分自媒体是个人在做，个人自媒体不管是全职还是兼职，长远来看，也都有盈利需求，不然这事就很难长久。所以，总的来看，盈利作为作者的主要根需求，同样没有问题。

总结一下，资讯产品里生产型用户的主要根需求就是：公平、成为品牌、盈利。

2.2.3 探索主要根需求：消费型用户视角

本节探索消费型用户的主要根需求，继续以资讯产品为例，其消费型用户是读者。所用方法和探索生产型用户的主要根需求时的方法一样：大胆假设，小心求证；二次验证。另外，本节最后会对资讯产品的主要根需求做一个汇总。

1. 大胆假设，小心求证

本节的大胆假设，也是先紧扣主要根需求的特点，再结合产品及用户特点。提出假设前的分析过程和 2.2.2 节类似，此处就不赘述了。

首先假设读者的主要根需求有：兴趣、效率、消磨时间、质量。

所谓兴趣，是指看到自己感兴趣的内容。效率，是指以更快速度、更便捷方式看到自己感兴趣的内容。消磨时间，是指用资讯产品的内容来打发时间。质量，是指看到能满足自己质量标准的内容。

兴趣、效率、消磨时间、质量，都比较宏大和抽象，符合主要根需求的前两个特点；共有 4 个，稍微有点多，不够极简。所以，主要根需求的特点验证这块稍微有点问题。

再进一步分析，会发现兴趣已经包含了消磨时间。比如上下班时在地铁上很无聊，就挑选两篇公众号文章来消磨时间。但如果单论消磨时间，完全有更轻松的方式，比如刷朋友圈、刷短视频、听歌。之所以会挑选两篇公众号文章来消磨时间，也是因为对这两篇文章感兴趣。所以删去消磨时间。

至此，初步认定读者的主要根需求为：兴趣、效率、质量。

2. 二次验证

本节的二次验证，依然是用事例来进行。

先验证"兴趣"。

假设小明对股票略感兴趣，对彩票完全不感兴趣。彩票的内容写得再好，小明也不会去看，不会去关注相关账号。信息爆炸时代的资讯犹如汪洋大海，读者选择看哪些内容，需要筛选。兴趣就是一个重要且高效的筛选依据。

再验证"效率"。

在报纸盛行的 20 世纪 90 年代，一份报纸出厂后，最快也要几个小时后才能到达读者手里。以高中生为例，很多学生读者都有一段等报纸来的经历，比如体育爱好者等《体坛周报》。很多读者会把整个报纸看完，或至少浏览完。如今信息大爆炸，一个个资讯产品，犹如一份份无底洞般的报纸。这么多资讯产品，同时还要跟无数长短视频、音乐、游戏、社交等各类娱乐社交产品争夺用户时间。快速看到感兴趣且符合自己质量标准的资讯内容，就成了刚需。在信息爆炸、娱乐泛滥的智能手机时代，读者对效率的需求达到了空前高度。

最后验证"质量"。

当读者面临多个选择时，质量就成了筛选的重要标准。比如面对众多资讯产品，小明会选一款符合自己质量标准的来经常使用。假设小明选了微信公众号，爱看电影类资讯的他依然会在众多电影类公众号中关注几个符合自己质量标准的。而小明常看的电影类公众号，可能只有一两个最符合他的质量标准。

综上，二次验证无误。因此资讯产品里消费型用户的主要根需求就是：兴趣、效率、质量。

3. 汇总主要根需求

资讯产品既有生产型用户，也有消费型用户，所以它的主要根需求等于两类用户的主要根需求之和，即公平、成为品牌、盈利、兴趣、效率、质量。资讯产品共有 6 个主要根需求，而非常见的 1~3 个。

结语

这两节仅以资讯产品为例来探索主要根需求。涉及其他产品时，读者朋友可以参考以上方法自行探索。

探索主要根需求，要不遗余力，直到找到正确的主要根需求为止，因为主要根需求是设计功能架构的核心依据。

2.3　"看得见的手"之一：功能架构

规划产品的主要功能，即为功能架构。具体而言，就是一款产品的核心功能是什么、通用功能是什么，以及有没有辅助功能、重大功能和盈利功能，它们分别又是什么，详见下图。核心功能、通用功能、辅助功能、重大功能和盈利功能，即为产品的主要功能，这里我们称之为五大类功能。

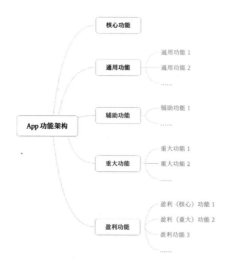

App 功能架构

所谓核心功能，是指用来满足主要根需求的功能。比如微信所满足的主要根需求是"即时通信"，与之对应的"聊天"就是微信的核心功能。

所谓通用功能，是指大部分产品共有的类似基础设施的功能。比如个人资料、设置等就属于通用功能。值得一提的是，不同产品的通用功能，既存在一定共性，也存在一定差异性。这种差异性，主要受其他四类功能影响。

所谓辅助功能，是指不需要一定关联根需求（协助满足主要根需求，或满足某个次要根需求），但需要具备较强吸引力的功能。比如支付宝的蚂蚁森林，就是一个典型的辅助功能：支付和行走能产生"能量"，收集这些"能量"就有机会种真树，这对用户颇有吸引力。

所谓重大功能，是指用来满足次要根需求的功能。比如"微信支付"之于微信，就是一个重大功能——它满足的是"电子支付"这一次要根需求。

所谓盈利功能，是指能够满足根需求的，或依附于根需求的商业化功能。常见的信息流广告和视频网站付费会员都属于盈利功能，前者更多是依附于根需求（信息流广告通常不能满足根需求），后者则是满足了主要根需求（付费会员用来"观看视频"）。

值得注意的是，当盈利功能能够满足根需求时，实际上它就是一个能够盈利的核心功能或重大功能。比如微信支付（提现需要手续费），就是一个能够盈利的重大功能。

2.3.1 广泛存在的"挤牙膏"现象

单身男女之间的正常交往，通常都是先从吃饭等话题开始聊起。之后要经历多次约会，自然而然地在不同话题之间切换，话题也是由浅入深。这样双方才会感觉舒服自然。

其实不光男女之间，人与人之间的交往，都大抵如此。也就是说，人际交往会充满试探，并且这种试探像打乒乓球一样你来我往。曾经年幼的我也怀疑过，人类这样做，是不是套路有余、真诚不足。现在我会认为，这可能无关套路和真诚，而是自然规律。有人甚至为此写了一本书，而且是从科学的角度，那就是罗纳德·B.阿德勒的《沟通的艺术》，在此我也正式推荐给大家。

我比较好奇的是，人类的交往模式，为什么是这个样子？

个人有一些猜测，有两点比较核心。首先，具备天时地利人和的相互理解与心灵相近比较稀有，所以孤独于多数人而言是一种常态，也导致人没有那么开放；其次，人类还要面临竞争、工作、生活等各种压力，每个人都在孤独而艰难地"谋生"。基于以上两点，人类的"自恋"也好，"自私"也好，都是非常容易理解的。

人类"自恋"与"自私"的结果就是"以自我为中心"。"以自我为中心"这一特性，导致人类这种社会性动物在交往时，每次都会像挤牙膏一样，只挤出一小部分。这一小部分，就是对他人的兴趣、信任、关心等利他的东西。

我们人类，面对自己的同类尚且如此，面对一款 App 时，那份"牙膏"会挤得更多吗？未必，恐怕只会更少。做产品和做人一样，初次与对方"见面"时，如果把自己的优势"和盘托出"，结果往往令人遗憾。

作为一名产品设计师，我也接过一些外包项目。个别外包项目，可能出于各种原因，会把规划好的所有功能，在最初的 1.0 版本就统统加上，结果往往很不乐观。

在很多互联网公司，情况当然不会这么严重，但类似问题也存在。很多公司都不会在 1.0 版本上线太多功能，大的功能往往是在大的版本更新时再上线。然而，比较常见的问题是，随着功能越来越多，产品也变得越来越复杂，在市场上的表现也越来越差。

新生的产品犹如新生的孩子。孩子都是越长越强壮，为什么有些产品却越长越弱？个人看法，是"养育"方式不对。

养育孩子，会让孩子在不同的年龄段做不同的事。养育产品，也需要让产品在不同的阶段承载不同的功能。这就涉及功能架构，具体会在下面两节进行阐述。

2.3.2 核心功能、辅助功能、重大功能、盈利功能

关于产品的五大类功能，本节先聚焦在其中四类：核心功能、辅助功能、重大功能和盈利功能。前三者主要阐述它们的特点和使命，最后一个盈利功能则是阐述它的本质和抉择。

1. 核心功能

核心功能的特点和使命，与主要根需求密切相关。

(1) 核心功能的特点

通常情况下，核心功能的主要特点，或者说最理想的情况，是"形单神复"。

所谓"形单神复"，是指从外在来看，核心功能是个单一的功能，这是"形单"；但从内在来看，这个单一的核心功能可以满足多个主要根需求，这是"神复"。

当然也会有一些例外。比如当主要根需求只有 1 个时，核心功能就是"形单神单"；当主要根需求有 2 个或 3 个时，核心功能可能也有 2 个或 3 个，此时就是"形复神复"。这些例外，也请大家注意。

先来看"形单"。

PC 互联网时代，不少网站的首页是由各个一级页面的内容汇集而成的。将每个一级页面的内容都抓一些过来，右上角再添加一个"更多 >>"的链接，就是一个模块了。多个这样的模块，就构成了一个传统又典型的"首页"。

移动互联网时代，这种类型的首页很少见了。即便有些 App 的首个一级页面也叫"首页"，承载的也是一个单一的功能。比如下图的小红书，其首页就是展示笔记。这其实很好。

只展示单一功能（笔记）的小红书"首页"

有哪些是不够好的?

比如说,1.0 版本就上线 2 个甚至更多主要功能,而且这几个主要功能之间,看上去相互平行,权重基本一致,分不清主次。这会让用户觉得,这款产品能做好几样事,但很难说得出最主要的一件事是什么。整体来讲,有点像多点突破,这必然非常艰难。

因为有"挤牙膏"现象存在,所以最好是凭借一个功能,往往就是核心功能,来实现单点突破,从而赢得用户。另外,只要坚持只有一个核心功能且核心功能不变,就有机会在赢得用户的基础上留住用户。

再来看"神复"。

小红书的笔记和微信公众号这些资讯产品有某种类似——都是信息型 UGC 产品,所以二者满足的主要根需求也基本一致。也就是说,对于小红书笔记的消费型用户而言,主要根需求也是兴趣、效率、质量。

小红书首页的笔记,则是通过顶部三个 Tab——关注、发现和城市(或"附近"),也即关注、算法推荐和同城推荐,来更好地满足消费型用户的三个主要根需求。

一个核心功能,满足了三个主要根需求。这就是小红书笔记的"形单神复"。

(2) 核心功能的使命

核心功能的使命是:成为产品的"护城河"。

说到能随时随地联系上彼此的即时通信工具,很多人第一个就会想到微信,一部分人只会想到微信。

聊天作为微信的核心功能,其用户体验很优秀,一定程度上比 QQ 更加简单好用。虽然微信一开始并非依靠聊天这个核心功能赢得了海量用户,但是当微信依靠语音消息、附近的人、摇一摇等功能赢得海量用户之后,是什么功能把这些海量用户留下来的? 作为一款主要和熟人、半熟人沟通的工具,肯定是聊天把大家留在了微信。

也就是说，某种意义上，聊天这个核心功能成了微信的护城河。

这就意味着，在互联网巨头林立的今天，创业公司只要把核心功能做到足够好，好到成为自己的护城河，就有可能后来居上，或与行业巨头"势均力敌"，或至少"富甲一方"。类似的例子还有网易云音乐、石墨文档等，此处不再详述。

2. 辅助功能

《道德经》讲，要"以正治国，以奇用兵"，也就是要守正出奇。辅助功能就是产品的一支"奇兵"，用来帮助产品出奇制胜。

所以相应地，辅助功能的特点和使命与这个"出奇制胜"密切相关。

(1) 辅助功能的特点

辅助功能的主要特点是：具备不受根需求所限的独特价值。

因为辅助功能既可以关联根需求，也可以不关联根需求，所以它的价值不受根需求所限。这些独特价值本身也可以不受限——既可以是趣味性，也可以是社会价值、情感价值等其他价值，当然还可以是多种价值的组合。

还以支付宝的蚂蚁森林为例，支付和行走都能产生能量，利用收集来的能量可以种一棵虚拟的树，这体现了蚂蚁森林轻微的趣味性；当能量积攒到一定数量时，就可以在一些荒漠化地区种一棵真正的树，这是蚂蚁森林的社会价值；用户之间还可以互动——互相抢能量或赠送能量，这是蚂蚁森林微弱的社交价值。当轻微趣味性、社会价值、微弱社交价值结合在一起的时候，就会吸引很多用户用支付宝进行支付。

值得一提的是，也有一些知名产品上线过一些类似蚂蚁森林的辅助功能，也就是偏游戏化的辅助功能，但鲜有成功者。个中原因，往往是这些偏游戏化的辅助功能仅有趣味性，缺乏其他价值。而仅有的趣味性本身，又是轻微的，甚至是微弱的，因为它们里面的能量、金币等游戏因素对用户的吸引力，与《王者荣耀》这些纯游戏产品相比，要打一个非常大的折扣。要想让这些偏游戏化的辅助功能具备上文所述的独特价值，可以参考蚂蚁森林，在轻微趣味性的基础之上，再融入一些够分量的其他价值。

那怎样判断一个辅助功能是否具备这些独特价值？

具备这些独特价值的辅助功能，一般会被口口相传。如果做不到口口相传，很可能说明辅助功能不具备这些独特价值。

(2) 辅助功能的使命

辅助功能主要有两个使命：吸引新用户，激励老用户。

先来看"吸引新用户"。

对用户而言，个别工具型产品的迁移成本通常是很高的，因为那上面要么沉淀了用户生产的内容，比如腾讯文档，要么还同时沉淀了用户的社交关系，比如 QQ。这种情形下，如果竞品本身做得还不错，而你开发的新产品只是比竞品更好用一些，那用户从竞品转移到你这里的动力，就会严重不足。

也就是说，作为一款新的且更加优秀的工具型产品，在竞品做得还不错的情况下，如何赢得大量新用户，就成了一个难题。

如果这款新产品拥有一个辅助功能，这个难题便有望迎刃而解，因为受辅助功能独特价值的吸引，用户是很愿意过来尝试一下的。

比如，微信整体上比 QQ 更简单好用一些，但这种简单好用最初并没有为微信赢得海量用户。反过来，微信最初主要是靠附近的人、摇一摇这些辅助功能赢得了用户数量的爆发式增长，而这也为它超越 QQ 并成为主流即时通信应用奠定了基础。

再来看"激励老用户"。

有时候，用户的需求可能会阶段性变弱，或者用户干脆去使用竞品了，这些因素都会导致老用户的使用频率下降。这个时候，拥有独特价值的辅助功能，也可以帮助产品激励老用户。

比如，支付宝最近几年就一直受到微信支付的冲击。蚂蚁森林这个辅助功能，如前文所述，是可以帮助支付宝激励老用户的。

3. 重大功能

重大功能的特点和使命，则与次要根需求密切相关。

(1) 重大功能的特点

重大功能的主要特点是：灵活多变。

重大功能是用来满足次要根需求的，而一款产品要不要满足次要根需求，以及满足哪些次要根需求，完全没有标准答案，也不需要标准答案，因为很多不同的情况有着各自很成功的例子。

所以，不同于核心功能通常只有一个，重大功能有多少个，甚至有没有重大功能，都存在很大弹性：重大功能的数量有可能是零个，也有可能是三四个乃至更多。

(2) 重大功能的使命

如果有重大功能，那它可以肩负这个使命：加固"护城河"。

弹幕之于 B 站，歌单之于网易云音乐，都属于重大功能。

B 站欢乐友好的弹幕，既丰富了 HC X，又带来了良好的 HH X。良好的 HH X 对用户有着比较强的黏性：据哔哩哔哩 2021 年 Q1 财报显示，用户日均使用 B 站 82 分钟，正式会员第 12 个月留存率约为 80%。

同样，良好的 HC X 对用户也有比较强的黏性：我在工作时喜欢听一些舒缓的轻音乐，在网易云音乐上就比较容易发现一些高品质的相关歌单，所以我平常用网易云音乐比较多。

这些增加了用户黏性的重大功能，会配合核心功能，加固产品的护城河。

4. 盈利功能

在我看来，相比盈利功能的特点与使命，它的本质与抉择更值得关注。所以，我选择从"本质"和"抉择"这两个视角来阐述盈利功能。

言归正传，盈利功能的本质与抉择，与根需求、产品自身情况密切相关。

(1) 盈利功能的本质

盈利功能的本质是：根需求。

根需求是用户的根需求，是具备"用户价值"的。只有在用户价值的基础之上，才会产生商业价值，也就是产生盈利功能。所以说，盈利功能的本质是根需求。

根据盈利方式的不同，"根需求"（盈利功能）可以分成三类，分别是：可以收费的根需求、可以抽成的根需求、可以捎人的根需求。

前面两种属于直接盈利的根需求，后面一种属于间接盈利的根需求。

可以收费的根需求，是指代表根需求的功能本身可以收费。比如，爱奇艺就采用了收费的方式——成为付费会员后才能观看上面的部分影视剧，那么"观看部分影视剧"这一主要根需求就成了可以收费的根需求。

可以抽成的根需求，是指代表根需求的功能本身就涉及交易、转账等经济行为（电商、打赏、提现等），平台方可以对这种经济行为进行抽成。比如，淘宝的购物、快手的直播打赏和微信支付里的提现，都属于可以抽成的根需求。

可以捎人的根需求，是指代表根需求的功能本身不盈利，但是这些功能可以"顺路捎人"——顺路搭载盈利功能。比如，微信朋友圈本身是不盈利的，但是朋友圈可以"顺路搭载"能够盈利的信息流广告，那朋友圈满足的"好友动态分享"，就成了可以捎人的根需求。

(2) 盈利功能的抉择

毫无疑问，盈利功能的使命是：实现商业化。

我们有疑问的地方可能在于，应该选择什么样的盈利功能？这是一个没有标准答案的问题，以下粗浅的分析也仅供参考。

可以收费的根需求，可能更适合相对小众的精品型产品（工具或内容），以及提供增值服务的产品。

可以抽成的根需求，是一个很自然的盈利功能，比较适合那些会产生经济行为的产品。

可以捎人的根需求，可能更适合那些比较大众化的产品。

2.4 "看得见的手"之二：信息架构

信息架构是产品的骨架。具体而言，就是一款产品有几个一级页面，以及支撑起整个产品的一级页面、二级页面各有几种内容样式，详见下图。

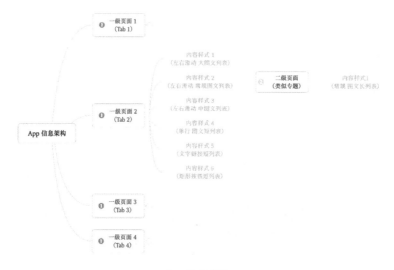

App 信息架构

所谓一级页面，微信的"发现"页就是一个一级页面；在"发现"页点"朋友圈"，进去的就是一个二级页面。所谓内容样式，Banner 是一种内容样式，九宫格是一种内容样式，设置页面那种列表也是一种内容样式。

2.4.1 信息架构的价值：掌控感与健康迭代

对用户而言，信息架构的主要价值在于掌控感；对产品而言，信息架构的主要价值在于健康迭代。

1. 掌控感

如果房间里很乱，到处都堆满了东西，常穿的衣服也找不到了，我们就很容易变得烦躁不安。相反，如果混乱的房间被收拾得很整洁，我们的心情也会随之变得愉悦起来。

这中间的原因是什么?

个人觉得,从原始社会到 21 世纪,我们人类一直生活在竞争中,所以一直在追求一种对生活的掌控感。这种掌控感,会让我们找到一种存在感和价值感,从而给身处竞争中的我们一种安全感。一个收拾得井然有序的房间,会让我们觉得一切尽在掌握中;一个胡乱塞满东西的房间,则会让我们觉得这个房间处于失控状态,从而引发烦躁不安。

一款 App,如果主要的几个一级页面也都塞满了各式各样的内容,那么用户通常也会感到烦躁不安。这是因为用户不能马上理出头绪,不能马上获得那种掌控感。另外,如果大的改版经常让用户体会到这种烦躁不安,用户就会对这款 App 感到不满和失望,甚至失去信心和期待。

所以说,信息架构的第一个价值,就是让用户始终有掌控感。

2. 健康迭代

产品的更新迭代,有时会出现"发福"和"微整形"的情况。这都属于不健康的迭代。

所谓发福,就是变得臃肿了,比如一级页面突然增加了很多内容样式。所谓微整形,就是和之前比有点乱套了,比如有的一级页面突然消失了、有的一级页面突然出现了、有些常用的功能突然找不到了,诸如此类。

一款产品,如果大的改版总是通过发福、甚至微整形的方式实现,用户就很难获得掌控感。

反过来,一个优秀的信息架构,是接近"冻龄"的。也就是说,不管产品怎么更新、怎么加新功能,都能简单如初,都能让用户马上获得掌控感。典型的例子是微信:微信已经加了很多功能,但整体给人的感觉依然是简单的。

这样的信息架构,很少发福,也几乎不做微整形,所以能让用户永远有掌控感,从而确保产品能够健康迭代。

2.4.2 怎样实现信息架构的价值

什么样的信息架构，能够实现"掌控感"和"健康迭代"？

其实参考答案刚才已经出现了，那就是接近冻龄的信息架构。或者更确切地说，是一种"以不变应万变"的信息架构。

这里的不变，是指信息架构看起来永远没有明显变化，永远都很简单。万变，是指不断新增的功能，不断变化的功能。

如何做到以不变应万变？一级页面和二级页面都很关键，其中最核心的是一级页面。这里也顺便抛一个问题：一级页面，用来干啥？

一级页面主要用来干三件事，分别是：提供掌控感、提供常用功能、提供小入口。也就是说，一级页面尤其要把掌控感给到用户，要让用户快速找到常用功能，同时还要为不常用的功能提供一个小入口。需要说明的是，这个理念可能不太适合一些商店类产品，比如淘宝这样的电商产品，所以仅供参考。

那如何完成这三件事？主要有以下四个要点。

1. 不要超过 4 个一级页面

4 个和 5 个，它俩之间存在微妙的区别。比如我们给手机号或银行卡号分段时，更喜欢每段最多分 4 个数字，而不是 5 个，直观对比见下图。

| 136 XXXX1 234 | 6225X XXX12 34888 8 | 0371 XXXX1 234 |
| 136 XXXX 1234 | 6225 XXXX 1234 8888 | 0371 XXXX 1234 |

4 个还是 5 个

很多 App 的底部导航栏，也是只有 4 个 Tab，即 4 个一级页面。受生活经验等因素影响，当我们看到 App 有 4 个一级页面时，内心或潜意识里可能会觉得：哦，4 个，还算简单，基本能记住；而当看到有 5 个一级页面时，可能会感到一丝压力：5 个啊，有点多了。

总的来说，我们更偏爱只有 4 个一级页面的产品，因为 4 个仍在简洁的范畴内，5 个就已经开始走向复杂。在《微信背后的产品观》这场分享中，张小龙也提到过："微信保证只有 4 个底部 Tab。"

2. 不要超过 3 种内容样式

Keep 6.0 系列的"探索"页面有 5 种内容样式，显得很复杂。微信的 4 个一级页面中，"发现"和"我"页面只有 1 种内容样式，"微信"和"通讯录"页面只有 2 种内容样式（加上顶部的搜索框），显得非常简单，和 Keep 的对比如下图所示。

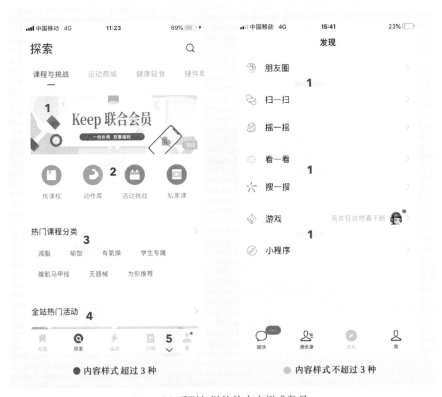

Keep 6.0 系列与微信的内容样式数量

像微信这种内容样式数量上的极简，可能很多产品难以做到。那么，我们不妨退而求其次，早期先从 1 种、2 种内容样式开始。后期加功能了，可以考虑第 3 种，谨慎考虑第 4 种，尽量不要增加第 5 种，因为一定会变得复杂。

大家可能会说，产品的功能很多，3 种内容样式不够用。

针对这种情况，只要逻辑上不存在大的问题（比如把"支付"放到"通讯录"页面），就可以尝试把不同内容合并成一种样式。微信在这方面就做得很好，大家可以参考它的设计。比如下图的"通讯录"页面，联系人上方那些内容，和联系人不是同一类内容，但它们共用一种内容样式——一个简单的图文列表。

微信"通讯录"页面：不同内容合并成一种样式

3. 不为二成需求，去打扰八成用户

产品设计里存在一个比较常见的问题，就是往一级页面塞很多内容或功能，其中有相当一部分是用户日常用不到的，这种设计容易让人觉得臃肿。比如 Keep 6.0 系列的"运动"页面，就用了较大空间来推荐付费计划和运营活动，如下图所示。

推荐付费计划   推荐运营活动

用较大空间来推荐付费计划和运营活动的 Keep 页面

相信有相当一部分用户是不需要这些内容的，所以这其实也是一种打扰。这种打扰会影响到这些用户对这个界面的掌控感。

这种现象有两个可能的原因。一是企业担心用户不用这些功能，所以就在一级页面用很多空间来展示它们，Keep 的例子应该属于此类。二是有部分用户提建议，所以企业就加了这些功能。

关于第一个原因，个人观点，有些功能本身就属于二成需求，在一级页面占用太多空间不仅改变不了这个现实，还会对用户形成打扰。

关于第二个原因，个人看法，用户的建议通常只代表个人立场，而企业至少要代表大部分用户的立场。比如，网上就有人建议微信在朋友圈加一个屏蔽别人的功能，实际上微信有这个功能，只是一直隐藏，没有放出来——因为用的人少，它属于二成需求，放出来的话会对八成用户形成打扰。

总的来说，理想情况是接受现实、尊重规律：是八成需求就提供八成空间，是二成需求就提供二成空间。具体参考如下图所示。

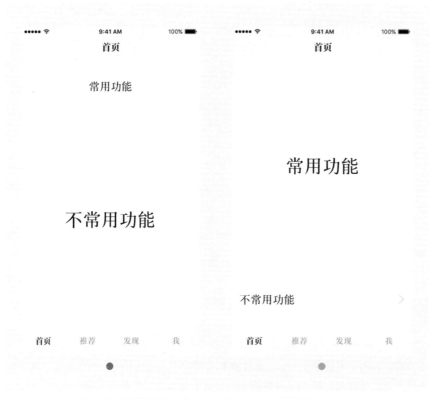

是八成需求就提供八成空间，是二成需求就提供二成空间

4. 尽量不在标题栏使用 Tab 或下拉框，增加维度

这其实是张小龙分享过的一个观点，我个人很赞同，就直接引用一下。下面直接看两个例子。

Keep 6.0 系列的前三个一级页面，标题栏都使用了 Tab，就显得内容很多，有点复杂，如下图所示（仅展示前两个）。

使用了 Tab 的标题栏

微信中拥有标题栏的前三个一级页面，其标题栏都没有使用 Tab 或下拉框，就显得简单、内容少，如下图所示（仅展示前两个）。这也是微信保持简单的一个重要原因。

没有使用 Tab 的标题栏

结语

一般情况下，产品都需要更新迭代：增加新功能，完善旧功能。

用户则是一个矛盾体：一方面对新功能和新事物怀有好奇心；另一方面又希望每次打开常用的产品时，都有一种回到家一样的熟悉感和一种家里井然有序的掌控感。

好的做法，就是类似微信那样：尽管加了新功能，但是看起来没有明显变化。也就是说，以"不变"的信息架构，来应对万变的功能。

2.4.3 用信息架构，来落地功能架构

本节将以信息架构为切入点，以底部 Tab 导航的 App 为例，探讨如何在一级页面落地产品的四类功能（核心功能、通用功能、辅助功能、重大功能）。

之所以没有包含盈利功能，是因为盈利功能要么依附于核心功能或重大功能，要么核心功能或重大功能本身即为盈利功能。这就意味着，从信息架构的角度来看，布局好了核心功能和重大功能，就基本等同于布局好了盈利功能。

先看一个例子。

个人比较喜欢网易云音乐，日常也用得比较多。不过它的 6.0 版本却遭遇了微整形：首先，我找不到以前常用的"私人 FM"了；其次，两个重大功能"视频"和"云村"都单独占用了 1 个一级页面，一级页面的架构已经被打乱了。这种微整形让我用得很不习惯，甚至有些难受，我对它的好感度也有所降低。

类似 2.4.2 节所述，可能是因为企业担心用户不用这些功能，而这些功能本身又被企业规划为重大功能，所以企业就分别给它们提供了 1 个一级页面。

这是一个相对简单的逻辑。但如果想要追求更好的用户体验，就需要考虑更多因素。

2.4.2 节的建议是，如果想让 App 始终保持简单，就只保留 4 个 Tab，即只设计 4 个一级页面。我们先假设一个最复杂的情况：产品有辅助功能和重大功能，而且重大功能会不断出现，最终会有很多重大功能。那么，如何将产品的这四类功能，以接近最优的方式，安置在 4 个寸土寸金的一级页面？

个人总结出了两个参考要点，分别是：重要程度、使用频率。

1. 和重要程度保持一致

通常而言，功能的重要程度越高，被分配到的空间就越多。这是一个比较普适的道理。也就是说，这条原则主要影响到，四大类功能各自占用多少个一级页面比较合适。

下面就依据各自的重要程度，简单分析一下。

(1) 核心功能：接近 2 个

核心功能是立足之本和护城河，所以最重要。先换个角度看这个问题，假设有三种可能，即核心功能可以占用 1 个、2 个或 3 个一级页面。先用下排除法，3 个一级页面难免显得过多，剩余的三种功能挤在 1 个一级页面里也会显得过分拥挤；1 个一级页面的话，相当于占用四分之一的空间，这很难体现出核心功能的重要性。

相比之下，2 个一级页面（共 4 个一级页面），就显得较为合适。综合考虑到有四类功能，且重大功能有很多，所以 2 个一级页面通常不会完全用于核心功能，而是会稍微匀一点空间给其他三类功能用。也就是说，核心功能适合占用的空间，接近 2 个一级页面。

(2) 通用功能：接近半个

通用功能作为基础设施，一般伴随核心功能而生。为了把通用功能和核心功能区分开，通用功能最初一般会单独占用 1 个一级页面，也就是"我"之类的一级页面。通用功能最初主要含"个人资料"和"设置"这两块内容，如果我们把这两块稍微折叠一下，这个一级页面就会显得非常空旷。

到了中后期，产品已经有很多重大功能了。这个时候，为了更高效地利用 4 个一级页面，"我"这个空旷的一级页面的一大半空间就可以匀出来，给那些具有一定关联性的重大功能用。此时，通用功能所占空间就会由原来的 1 个一级页面下降到接近半个一级页面。

(3) 辅助功能：共用 1 个

辅助功能作为一支奇兵，贵在精，不在多。好的辅助功能，有 1~2 个足矣。

辅助功能如果没有和主要根需求相关联，它的使用频率就会比较低。比如微信的摇一摇搜歌，我们只是非常偶尔地用一下。辅助功能即便和主要根需求关联了，其使用频率也可能难以长期维持在较高水平。比如蚂蚁森林是和"支付"这个主要根需求关联了，但我们依然很难坚持长期使用蚂蚁森林。

综合以上两点（辅助功能的数量较少，使用频率较低），辅助功能就没必要单独占用1个一级页面，与重大功能或通用功能共用1个一级页面即可。

(4) 重大功能：大概一个半

分析完前三类功能，目前还剩下大概一个半一级页面，重大功能只能用这一个半一级页面了。这是现实角度。

再来看下理论角度。某种程度上，用来满足次要根需求的重大功能，其重要性仅次于用来满足主要根需求的核心功能；本节开头，我们假设重大功能有很多。基于这两点，不妨假设重大功能的重要程度介于核心功能的重要程度（接近2个一级页面）和四类功能的重要程度的平均值（1个一级页面）之间。一个半一级页面，确实介于这二者之间。

现实和理论基本吻合。

再从实际操作来看，重大功能可以先单独占用1个一级页面；再按照之前的规划，占用从通用功能那个一级页面匀出来的一大半空间。二者加起来，同样是大概一个半一级页面。

也就是说，重大功能适合占用大概一个半一级页面。

2. 和使用频率保持一致

通常而言，用得越多的功能，就排得越靠前。也就是说，这条原则主要决定四类功能的排序问题。

具体而言，用得最多的是核心功能，所以核心功能排在第一个页面。

产品上线之初，往往只有核心功能和通用功能。所以自然而然，通用功能排在了最后面。等产品有了辅助功能和重大功能，通用功能还继续排在最后面吗？

重大功能满足的是次要根需求，理论上来讲，其使用频率应该高于通用功能的使用频率，至少个别重大功能应该如此，所以重大功能可能适合排在通用功能前面。第一个和最后一个一级页面都是比较明显的位置，不轻易改变这两个一级页面对应的产品功能，将有助于维持用户对一款产品的掌控感。

综合以上两个因素，通用功能依然适合放在最后面，辅助功能和重大功能则适合放在中间位置。

值得一提的是，现在市面上开始出现两类现象。第一类是，有一些拥有 5 个一级页面的 App，开始把核心功能放到中间那个页面，比如 Keep 的"运动"页面。第二类是，企业开始人为地控制打开 App 时默认显示哪个一级页面，而且默认显示哪个一级页面存在多种情况，例子依然包括 Keep：有时默认显示中间的"运动"页面，有时默认显示付费的"计划"页面。

个人觉得，对产品而言，这两类做法可能会得不偿失。因为它们会让"1、2、3、4（从左起）"这个自然排序失去价值。没有这个前提，也就谈不上"和使用频率保持一致"，四类功能的排序问题就有可能陷入混乱，具体如下图所示。

谁是第 1 个页面（粗体"1"为默认显示页面）

2.5 "看得见的手"之三：交互设计

关于交互设计，老板、产品经理、交互设计师、UI 设计师之间的沟通经常会出现这么几句话："别人都是怎么做的？""苹果就是这样设计的……""这个（设计）今年很流行……"

不难看出，做交互设计时，不管是有意还是无意，我们常受周围世界的影响。然而这是一个多元的世界，同时也是一个信息爆炸的世界，流行趋势也是年年有年年新。那么，我们到底应该看哪些书、读哪些文章、学习哪些产品、参考哪些规范、遵守哪些原则？

或者，换个角度看这个问题：在大家都知道 iOS Human Interface Guidelines 和尼尔森十大交互原则的前提下，有什么能够决定我们的交互设计和别人家的不一样？这是用户经常问到的问题。要知道，在激烈的竞争环境中，"不一样"是非常重要的。顺便说一句，这里的"不一样"，不仅是看起来不一样，而且是用起来比别人家的好，好得多。

得益于社会的进步与发展，现在大部分人谈恋爱和结婚时，会希望三观一致。越来越多的企业，也在有意营造自己的文化和价值观，并尽可能吸引那些价值观接近的员工。

物以类聚，人以群分。能把人们区分成不同群体的所有因素中，价值观是非常核心的一个。类似的道理，能把我们的交互设计和别人家的区分开的因素中，价值观也是非常核心的一个：比如 iOS 和 macOS 的交互设计，某种程度上就是乔布斯价值观的体现；再如微信的交互设计，某种程度上则是张小龙价值观的体现。也就是说，某种程度上，有什么样的价值观，就会有什么样的交互设计。

那么，为了做出受用户喜欢和依赖的交互设计，从业者应该树立什么样的价值观？

2.5.1 交互设计的价值观：从业者视角

个人总结出了四个价值观，分别是：周到，品质，惊喜，善意。

其实，周到、品质、惊喜、善意这四个词会经常出现在生活中，所以接下来的探讨有一个前提——限于交互设计的范畴。

1. 周到

整体认知主要依靠周边视觉而非中央视觉——这是《设计师要懂心理学》这本书里的一条原则——讲的是视觉和 UI 层面的用户认知。就是说，用户会关注并不显眼的边边角角的设计，而且这些边边角角的设计会影响到用户对设计的整体印象。举个例子，假如微博 App 的扫一扫图标，在风格、大小等方面和同一区域的其他图标不统一，就会给用户留下比较糟糕的印象，用户很可能会觉得微博的设计不够专业。

这些是 UI 设计层面的。在交互设计层面，也是类似的道理：交互细节会影响用户的认知。

以我们日常使用的 Word 为例，可能偶尔会遇到修改内容大量丢失的痛苦经历，这时我们的第一反应通常是忘记保存了，以及 Word 没有自动保存功能。实际上 Word 有自动保存功能，只不过藏得比较深，而且自动保存时没有相应提示。这些事情都会影响到我们对 Word 的印象，会觉得 Word 不够周到。

总的来说，至少在常用的交互细节上，不要给用户留下负面印象，避免所有的不周到，才算是周到。

2. 品质

交互设计，如果看着简单、用着顺，则基本为高品质。

(1) 看着简单

2.4.1 节提过，用户需要对一款 App 有一定的掌控感，因为这会带给用户一种一切尽在掌控中的安全感，进而让用户感觉良好。

高品质的交互设计，一定会让用户拥有掌控感。这种掌控感从何而来？最基础的就是要"看着简单"。因为看着太复杂或看不懂都极易让用户烦躁不安，用户就会认为这款产品难用。

微信作为一款用户数超过 10 亿的国民应用，它的交互设计具备很高的品质，在"看着简单"方面堪称楷模：拿 4 个一级页面为例，都是清一色的列表，非常简单。所以像我爸这样的中老年用户在使用微信时，根据我的观察和了解，他的确会碰到一些使用上的问题，比如怎么复制一个电话号码并发给别人，但他极少碰到看着太复杂、看不懂的情况。

(2) 用着顺

一般情况下，大家习惯把用户分成三类：初级用户、中级用户、高级用户。其中初级用户的使用经验最少。互联网产品有两类较为特殊的初级用户，一类是零经验的三岁小孩，一类是在智能手机之前没怎么接触过互联网的老人。

在交互设计方面拥有高品质的产品,会让初级用户很容易上手。对这款产品熟悉之后，初级用户也会像中高级用户一样，用起来很顺。

整体而言，iPhone 的交互设计是很优秀的，所以三岁小孩也能很快上手操作。触摸、划动、点按等基本手势动作都是人的天性，小孩虽不识字或识字不多，但他们会根据自己的天性来积极尝试操作并不复杂且配备大量图形界面的 iPhone，最终也能很快上手，而且越用越顺。

3. 惊喜

超出用户预期，并让用户开心或惊叹的内容，就是交互设计里的惊喜。具体而言惊喜有两类，分别是：小惊喜、大惊喜。

(1) 小惊喜

所谓小惊喜，是指一些颇具趣味性或人文属性的交互设计小细节。

先来看带有趣味性的交互设计小细节。常见的有两类，第一类是比较好玩的动效，第二类是一些小功能。第二类有时也会包含第一类。

动效这块，大家比较熟悉的，有 iPhone 上删除应用前图标的抖动，仿佛是吓得发抖，也可能是在摇头求生；还有在移动端登录 B 站，输入密码时，动画人物的捂眼动作，见下图。

B 站登录页面，输入密码时动画人物的捂眼动作

小功能这块，也可以分成两类。一类是隐藏的小功能，一类是有趣的小功能。很多隐藏功能，头几次用的时候，多少会有一些惊喜之感。比如在订阅号消息列表页，你已经几个月没看过某个公众号，对它失去了兴趣和信任，这时尝试长按这个公众号的头像或名称，会呼出取关功能（"不再关注"），如下图所示。

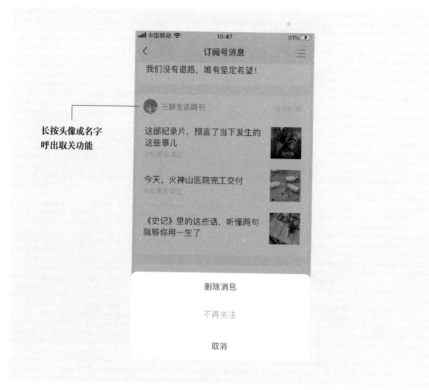

长按头像或名字
呼出取关功能

微信订阅号消息页隐藏的取关功能

还有些隐藏功能，既能让用户觉得惊喜和方便，又能引发用户思考。这种思考，可能会让用户感叹设计之妙，也可能会给用户一种猜对谜语的欣喜之感。比如用墨刀的时候，尝试按数字键 1，会呼出"内置组件"这个使用频率非常高的功能，让人不由自主地觉得墨刀很聪明。如果再仔细看一下，会发现，"内置组件"的缩略图标和其他 4 个诸如"我的组件""图标"等功能的缩略图标并成一列，这 5 个缩略图标的排列顺序（从上到下）和它们快捷键（"、"键和数字键 1、2、3、4）的排列顺序（从左到右）是完全一致的，如下图所示。不得不说，这是一个简单又巧妙的设计。

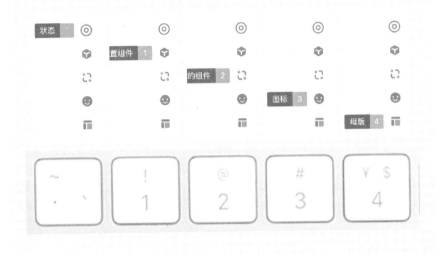

墨刀常用功能的排序，以及常用功能对应快捷键的排序，二者一致

再比如朋友圈里，某个不熟的联系人每天都发集赞小广告，搞得自己不胜其烦。长按其头像，会呼出设置权限（屏蔽等）和投诉的功能。有意思的是，长按联系人名字，则不会呼出这个功能——要知道，点击头像或名字是都能进入联系人主页的，而且长按公众号头像或名字也都能呼出取关的弹窗。对此差异，个人的理解是，生活中，我们用力"长按"一个人，通常是表达强烈不满，比如打架——而比起长按名字，长按头像更像长按真人，所以也更能表达我们的不满。

说完隐藏的小功能，再说有趣的小功能。常见的有微信聊天里的扔骰子、石头剪刀布，用微信给朋友发烟花表情、庆祝表情后出现的动效，拍照软件里的贴纸，等等。

再来看带有人文属性的交互设计小细节。常见的类型有：帮助弱势、关照情绪、表达情感、保护隐私。

帮助弱势，就是帮助在视力、听力等方面存在障碍的用户。比如 iPhone 的辅助功能：里面既有针对视力障碍者的缩放和放大镜功能，也有针对不识字群体的旁白功能。

关照情绪，就是尽可能地避免用户之间互给对方带来较严重的负面情绪。比如微信的删联系人是单方面删除，被删的一方很难察觉到，而且为了不给被删方添堵，微信也不会通知他。类似的还有，微信消息没有"已读"功能，这就大大减轻了接收者的回复压力。

表达情感，就是帮助用户表达自己对他人的情感。比较为人所知的例子是，5 月 20 号这天，微信红包的限额，从 200 元升到了 520 元。

保护隐私，就是尽可能地避免用户的隐私被第三方（商家、其他用户）获取或获知。比如借助 iPhone 的"引导式访问"功能，可以让小朋友只能访问你的某个视频应用来看动画片。再比如别人用你电脑的时候，如果不想让对方看到你的微信，就可以通过手机微信来锁定或退出电脑版微信。

(2) 大惊喜

所谓大惊喜，是指那些属于系统性工程，并且能够引领潮流、代表未来的交互设计。通常而言，这些大惊喜最开始给用户的感觉，就是酷。

iPhone 就是典型例子之一。2007 年的初代 iPhone，带来了当时的大屏幕（3.5 寸屏幕）和极为灵敏的触控体验。2011 年，Siri 同 iPhone 4S 一起问世，为我们带来了语音交互。如今，在 100 元就能买到品牌类智能音响的情况下，依靠语音交互的智能音响也在慢慢走入寻常百姓家。也许后乔布斯时代的 iPhone 创新不如以前，但不可否认的是，时至今日，iPhone 依然在潮流前沿，在给我们大惊喜。比如这几年流行的手机无线充电和以 AirPods 为代表的极简的无线耳机。

以上是比较广为人知的交互设计，还有一些不太为人所知的设计。比如在家里网购一条床单，但是不知道床的尺寸，家里又没有尺子，这时打开 iPhone 里的测距仪 App（见下图），就可以量出床的尺寸，会不会觉得有点酷。

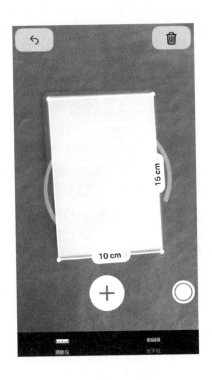

iPhone 里可以量尺寸的测距仪 App

微信在引领潮流方面也有一些建树，比如极大程度地普及了二维码和扫一扫。小程序作为一款体验接近原生 App，同时又不用下载的产品，也正在引领新一轮的潮流。

4. 善意

交互设计中，或者说产品中，有哪些善意？

个人初步总结了两类基本善意，分别是：不打扰，护尊严。需要注意的是，交互设计里的善意肯定不止这些。还有一类比较常见的善意是：通过服务激发用户的善意。

(1) 不打扰

我们生活在一个信息爆炸的时代，不被手机上的信息过度打扰是一个刚需。有三类信息，如果把握不好度，就会对用户造成打扰，分别是：广告、推送、推荐。

广告这块，主要有两类广告会造成打扰：出现时机不佳的广告，播放时间过长的广告。

这方面，微信是个榜样，值得学习。比如开屏页广告就是出现时机不佳的广告，因为大家不想一打开应用就看到广告，所以微信就没有放。再如朋友圈里会有较长的视频广告，对此，微信的常见做法有两类，要么先展示一张图片，要么先无声播放，是否观看完整且打开声音的视频广告，由用户自己决定。

推送这块，常见的推送有两类：手机的系统通知，App 内的红点消息。

系统通知，目前也有被滥用的趋势。关于系统通知的种类，根据使用情况和感受，个人建议最好仅设计 1 类，最多设计 2 类。第 1 类是关于核心功能，比如微信推送好友发来的新消息，搜狐新闻推送新闻；第 2 类可保留一定的弹性，核心原则是要对用户有价值，比如偶尔的推广信息。目前有两种情况会对用户造成打扰：过于频繁的推广信息；和核心功能相差甚远的信息，比如如果金融类产品推送新闻，就会搞得用户很困惑。红点消息中，有一类会对用户造成打扰：来自官方的过于频繁的各类推广信息。

推荐这块，主要指 App 内的 Banner 和专题。

目前会对用户造成打扰的主要是一级页面的一些专题。一种是专题过多，比如网易云音乐 8.0 系列的首页，就有 13 个专题；一种是专题所处位置不佳，比如一些运动类 App 中，有两个一级页面都包含课程推荐，其中一个一级页面的课程推荐就显得不太合适。

(2) 护尊严

护尊严，就是尽最大可能维护用户的形象和尊严。

最近几年，常有产品斥巨资给用户撒红包。这些产品的初衷自然是好的，而且看起来也是一件皆大欢喜的事情。但是这件事很难提升产品的美誉度，也就无法提高用户对它的喜爱和忠诚程度。

为什么会这样？让用户抢红包，能维护用户的形象和尊严吗？不能，非但不能，可能还会对用户造成伤害。因为可能会显得用户爱占小便宜，或者会使用户处于被施舍的一方。总之这种事对用户来说，并不酷。

一款产品，要想赢得用户更多的喜欢、尊敬乃至忠诚，就最好不做伤害用户形象和尊严的事情，哪怕这种伤害仅是微弱的，同时多做一些相反的事情。

结语

在时代洪流和信息洪流的双重裹挟下，从业者怎样才能做出受用户喜欢和依赖的交互设计？个人觉得，从业者首先需要反观内心，问问自己："我是什么样的人？我想成为什么样的人？我想做出什么样的交互设计？"

每个人都应该有自己的答案。我个人的答案，同时也是个人的建议，就是：周到、品质、惊喜、善意。这样的价值观，可以帮助我们做出受用户喜欢和依赖的交互设计。

四个价值观之间，存在怎样的关系？周到是赢得用户信心和信任的基础，也是四个价值观里的基础；高品质意味着质量好，是四个价值观里的关键；惊喜是四个价值观里的锦上添花，会给用户带来一些乐趣或感动；善意是四个价值观里的人性光辉，是最具人文关怀的部分。

最后，借李宇春《一趟》里的一句歌词，也是致敬海子《夏天的太阳》这首诗的一句歌词，来结束本节：

人间一趟，看看太阳。

2.5.2 交互设计的价值观：用户视角

从业者的四个价值观对用户有什么价值？个人的理解是：始于周到，陷于品质，迷于惊喜，忠于善意。

1. 始于周到

最近去孔夫子旧书网买了两本二手书。因为是第一次买二手书，第一次用孔夫子旧书网，所以虽然大部分书的详情页写着还剩一本，但是一开始，我这个强迫症还是去和卖家确认了是否有货。除了是否有货和价格，买二手书时，个人还关注这四点情况：新旧程度、书的照片、发货时间、物流时间。

针对以上四点，我一般会先去书的详情页和店铺的详情页寻找答案。如果找不到，才会发消息问卖家。有不少平台的网购经历，我知道并非所有卖家都如天猫上的专职客服那般热情，但是礼貌和周到也是我个人对所有卖家的一个基本期待。

两本书，我问了 5 家店铺，其中有 4 家没有对我开头的"你好"或"您好"报以礼貌回复。卖家的这种态度，使得我在后来询问时，有时还会加上"请问"俩字。不过，从这 4 家得到的回复，都是诸如"有的""是的""没有"和"三天"这样简洁的答案，而且清一色没有诸如"还有别的问题吗？"之类的下文。有点尴尬的是，有一家在我问到第三个问题时，直接没再回复。于是后面，我最多问两个问题，就不再往下问了。这时候，我就想起巴菲特说过的一句话，"与坏人打交道，做成一笔好生意，这样的事，我从来没有遇见过。"上述卖家当然不是坏人了，但是服务态度不好，还是会影响生意的。

顺便说一句，我最后下单的两家店铺，其详情页里有我关心的几样内容，且店铺评价不错，所以我都没有发消息问卖家。

我们在用 App 或网站时，偶尔也会碰到类似情况，比如缺少必要的提示、提醒、解释，或用起来不够方便等。我在创业公司待过，这方面的经历和感触比较多。不过，个别知名公司的产品，也同样存在不足。比如网易号的文章编辑页面，底部只有"保存草稿"（实为"存为草稿"，也即存为草稿后离开当前页面）功能，而没有同样重要的"保存"（仅保存内容且保存后仍停留在当前页面）功能，如下图所示。

只能"存为草稿"而不能仅"保存"内容的网易号文章编辑页面

对于这个页面，用户最想要的功能，必然包含"保存"。因为一来当输入大量内容后，或对格式进行编辑后，或对文章进行修改后，正文里不会出现任何"保存与否"的提示和相关操作按钮，为了避免刚才的劳动白白浪费，用户是非常希望先保存一下的；二来保存完内容，继续留在当前页面编辑文章的需求，也是广泛存在的，目前的设计并没有满足这个需求。还有，存为草稿这个功能，是不是也可以自动完成，这样会更方便些。"保存"和"存草稿"这俩功能，对自媒体平台来说，用户经常用到，所以是非常核心的设计。如此核心的设计，还如此不周到，就很难赢得用户的好感与信心。

2. 陷于品质

从事 UI 设计这份工作，一般要先学习相关软件，我当时学的是 Photoshop。Photoshop 有个明显特点，就是在刚入门或学习一个新工具、新操作时，你几乎无法根据直觉或逻辑判断来学会其中的大部分功能与操作，而必须根据教程实打实地练习。

究其原因，至少包含以下两点。

首先，Photoshop 不够智能。比如用"移动工具"在画布上选中一行文字，此时我们并不想移动这行文字，只是想调整它的字号和颜色。环视四周，却找不到可以调整文字样式的工具，只能看到这个文字图层处于被选中状态，顿感无助和迷茫。熟悉以后，才知道需要从顶部"窗口"菜单里把"属性"功能点出来，然后手动选中"属性"功能，才可以调整文字样式。

其次，Photoshop 的逻辑有点复杂。比如要画一个圆形头像，而包含头像的图片都是矩形形状，这时就要借助"矢量蒙版"功能。这个操作会涉及"图层"（头像图片是一个图层）"路径"（圆形路径）"选区"（圆形路径转化而来）和"矢量蒙版"功能。在生活中，圆形头像的逻辑类似于把一张矩形照片（对应"图层"）放到一个圆形相框（对应"矢量蒙版"）里，最终看到的就是一张圆形照片。相对而言，Photoshop 的逻辑比生活中的逻辑多了"路径""选区"两个概念，所以显得复杂。另外，要想完全搞懂"路径""选区"的概念与特点，还得颇费一番功夫。所以有时候，我们是知其然而不知其所以然——只是单纯记住了操作，而不理解其中的逻辑。

后来，Sketch 出现在了 UI 设计领域。渐渐地，我和同事们陆续把 Photoshop 换成了 Sketch，整个行业都基本如此。我甚至看到一些运营同事拿 Sketch 制作简单的设计图。更有甚者，一些产品经理和工程师也会拿 Sketch 这个高保真的设计软件去画一些原型。

究其根本，是 Photoshop 存在的两个问题，在 Sketch 这里基本得到了解决。

首先，Sketch 比较智能。比如所有图层都显示在软件左侧，当选中某一图层后，右侧会自动切换成该图层对应的可以调整的样式。

其次，Sketch 的逻辑相对简单。还是以画圆形头像为例，在 Sketch 里，同样用到了"蒙版"功能。但其逻辑和操作要比 Photoshop 的"矢量蒙版"简单得多：只要同时选中矩形图片和圆形形状这两个图层，然后单击上方工具栏里的"蒙版"按钮，圆形头像就画出来了。生活中圆形照片的逻辑涉及两个事物——照片和圆形相框，这里的圆形头像则是涉及两个图层——照片和圆形蒙版。二者高度接近，也都很简单。

Sketch 的这些特性，决定了它上手简单：不用学或简单学一下就能上手，而且用起来也比较顺。Sketch 在交互设计方面的较高品质，使得大家都喜欢使用它且对它比较依赖：非设计师喜欢用 Sketch 来做设计或画原型，设计师则喜欢用 Sketch 来做 UI 设计。

3. 迷于惊喜

2020 年 6 月份，微信悄悄上线了"拍一拍"功能。在聊天或群聊里，双击别人的头像，这个头像便会晃动一下，着实有些趣味。更有趣的是，"'某某某'拍了拍'某某某'"这样的文字提示也会显示在聊天界面。大家很快发现，只要把自己的昵称稍加修改，这种文字提示就会充满创作空间，这种创作令人感到惊喜。

这种惊喜，则令人着迷——很多人一下子就沉迷其中，玩得不亦乐乎。于是我们得以在群聊里看到类似这样的提示："小明"拍了拍"自己装满才华的大脑袋"，"小强"拍了拍"王老板的马屁"，"产品经理的需求"拍了拍"正在加班的我"。很多媒体也加入了这个游戏，于是我们能看到一些诸如《"微信读书"拍了拍"爱读书的你"》《"现在的你"拍了拍"几年前的你"》之类的文章。朋友圈有才的好友也不甘示弱，于是我看到了一些诸如"'六月的雨'拍了拍'没带伞的你'"之类的创作。

几个月前，我给自己的 iPhone 换了一副小米的无线耳机。从长长的有线耳机转换到极简的无线耳机，感觉真的不错。无线耳机有点酷，可以轻击耳机两次，实现接听电话、挂机、暂停播放、继续播放等日常操作。更为重要的是，行走时不用像有线耳机那样——担心插头与手机的插孔接触不良或耳机突然被外力绊离耳朵——没有了线的束缚，真正实现了"无线一身轻"。日常的通勤路上，我经常用手机听书或听歌。自从用了无线耳机，我的有线耳机就再也没有和我的手机合作过了。身边一些朋友的情况也是类似。

就像大家会说，"Once You Go Mac,You Never Back"，无线耳机带给用户的这种惊喜，也已经使他们难以回头。

4. 忠于善意

作为 B 站的忠实用户，个人觉得 B 站的交互设计不算优秀。以网站首页为例，导航条目和视频内容都过多，显得密密麻麻，有点让人透不过气。但这些并不能阻挡我用 B 站，以及我对它的喜欢。我对 B 站的喜欢，很大一部分来自它的社区氛围。

据哔哩哔哩 2021 年 Q1 财报显示，用户日均使用 B 站 82 分钟，正式会员第 12 个月留存率约为 80%。所谓正式会员，就是通过答题测试，可以发弹幕和评论的会员。

关于高黏性的原因，B 站的官方解释是活跃和具有亲和力的社区氛围。根据使用经历，个人对"亲和力"的理解是欢乐友好的弹幕、评论氛围。B 站之所以能维持欢乐友好的社区氛围，很大程度上得益于转正答题测试。在 B 站煞费苦心准备的 100 道题目中，有相当一部分是关于弹幕礼仪的，比如下面这道题。

以下哪种弹幕用词会比较适宜，不会使人不愉快（C）。

A. 你咬我呀
B. 我就是小学生
C. 2333
D. 你来打我呀

B 站正是通过答题测试的方式，来向用户传播关于弹幕礼仪的知识，从而引导用户的善意，最终发出友好的弹幕。这些友好并且欢乐的弹幕，反过来又使得 B 站对用户具有较高的黏性。

结语

周到、品质、惊喜、善意这四个价值观中，周到是基石。在此基础上，落地的价值观越多，创造的用户价值就会越多。用户价值越多，最终能够产生的商业价值，也会越多。

最后，借《道德经》中的一句话来结束本节：

夫唯不争，故天下莫能与之争。

2.5.3 交互设计：如何做到周到

只要考虑周全并且有耐心，就能做到周到。具体而言，最关键的地方是满足好"小需求"。

什么是小需求？笼统地讲，小需求是一种共性需求，主要是一些交互细节。比如信息的分类与展示、衔接不同页面的各种弹窗与提示、对各种状态的提示、对各种情况的到位解释，等等。

有小需求，就有"大需求"。所谓大需求，更多是一种个性需求，不同产品会有不同的大需求。比如短视频产品和资讯产品，前者的大需求包含视频的拍摄、上传、播放等，后者的大需求则包含文章的撰写、编辑、发布、查看等。

我见过一些交互设计不够周到的产品，它们的共同特点是：大需求基本上得到了很好的满足，小需求则没有。

如何更好地满足小需求？主要建议如下。

1. 利器在先

我有个设计方面的客户，是从事教育行业的，之前并没有接触过互联网行业的产品与设计工作。这位客户想要设计的是一款小程序的界面。当时客户非常自豪地说，"这个（原型）是我用墨刀画的，现学现做。"

说起墨刀，本人也用过，确实很好用。在简洁性和智能性方面，感觉和Sketch有异曲同工之处。关于墨刀如何好用，网上已有太多溢美之词。我就结合自己的使用经历，简单总结为以下几点。

- 好用，上手快。零基础，只要会操作常用办公软件，简单学一下就能上手。
- 内置主流控件（iOS、安卓、WeUI等），非常方便。
- 能在手机端预览。加入链接和动效后，会比较酷。
- 能查看页面之间的跳转逻辑。借助工作流功能，可以实现这一点。

以上主要是墨刀自身的几个优点。接下来我们再结合本节主题探讨一下，于日常工作而言，墨刀这把利器有哪些优势。

(1) 可以把更多时间花在创作上

当我们不会用一款工具时，通常会产生一丝挫败感。此时如果必须要用这款工具干点什么，很可能内心就会有一点焦灼了。上手快的墨刀，很少使我们感到焦灼，同时还可以帮我们把更多时间节约出来——花在"创作"这件事上。

(2) 可以更好地满足小需求

部分公司，可能面临如下情况。

公司没有专门的交互设计师，产品的原型由产品经理来画。产品经理本身还兼任项目经理。如果项目又特别赶，客观上，产品经理确实没有太多时间去关注交互细节。主观上，如果产品经理对这些交互细节的兴趣或重视程度不足，同时产品经理上面的决策层也不去抓这些细节，那么最终的结果就是产品原型可能会丢失很多交互细节。

我就碰到过这种情况。之后，当产品经理宣讲需求或团队评审需求时，大家都是在电脑或会议室的大屏幕上看这个原型，同时所有人最先关注的都是大需求。理解完大需求，会有部分同事就大需求提出自己的看法或建议。最后，才会有部分同事就小需求指出不足并提出建议。

受限于职责、时间等各种因素，大家也不可能针对小需求提出太多建议。结果就是，仍然会有相当数量的小需求被遗漏，或者没有被很好地满足。

墨刀有两个功能可以较好地规避这些问题，一个是工作流功能，一个是手机端预览功能。

工作流功能，类似于流程图，即把所有页面以合乎逻辑的方式链接起来。客观上，会促使我们画出所有包含小需求的页面，包括弹窗、状态提示等。支持多人的手机端预览功能，使得我们在手机上，可以通过点击等方式模拟体验一款 App。这样的环境下，会更容易理解大需求，也更容易发现小需求存在的问题。

所以，个人建议用类似墨刀这样的利器来画原型，同时把工作流和多人手机端预览（针对 App、小程序）这两项作为硬性标准。

2. 去用去感受

在体验或使用一款产品时，非常容易发现问题。

因为这时候，我们可以松弛下来，把自己切换到普通用户模式：忘掉所有费脑子的需求和设计原理，只依赖经验和直觉来体验这款产品。此时主观感受会告诉我们，这款产品的交互设计到底周不周到。

据陆树燊的《微信团队的实验室文化》一文显示，张小龙在评审微信的功能时，不看原型图，不看设计稿，也不看 Demo，而是体验前后台代码开发好的产品。这就意味着，如果一个功能在给到用户前有 n 个方案，就会有 n 套与方案对应的前后台代码。

一定程度上，微信团队就是通过这种在正式发布前反复试错、不断打磨的方式，最终给用户提供了优秀的交互设计。

估计，大部分团队和公司难以像微信这样——开发 n 个版本，并去一一体验和比较这 n 个版本。但是，在真实的设备上体验 n 个原型，还是可以做到的。

原型虽然没有开发好的产品那么流畅，但是，如果用墨刀在手机端体验一款加了链接和动效的 App 原型，一样可以发现很多问题。

不过，根据经历和观察，我发现我们人类是不喜欢体验原型的。想一想，平常工作中，我们可能会乐此不疲地去体验开发好的测试版产品。但对于原型，大部分时候，匆匆忙忙就过掉了。个人有个猜测，就好像人类喜欢逗猫遛狗，却不太喜欢逗桌子上的模型猫和模型狗一样，我们人类是不太愿意花费太多时间和精力去和原型这种"假产品"互动的。所以，某种程度上，体验原型是一种反人性的行为。

但是，体验原型同样可以发现问题，与开发 n 套代码相比，它又是一种非常经济和高效的方法。

进一步来讲，首先，大部分时候，我们是先选中一个原型方案，然后去设计、去开发；其次，等到开发好进入测试环节，原型往往就成了测试的标准。

所以，结合现状综合来看，小需求能不能得到很好的满足，很大程度上还是要依赖原型。

也就是说，很有必要对原型进行优化。具体方法就是在真实的设备上体验原型——反复体验，直到自己觉得周到为止。这一步是最关键的，因为正如电影《霸王别姬》中的一句台词所说：人，得自个儿成全自个儿。

3. 参考设计规范

如前所述，用利器来创作原型，通过原型反复体验产品，这些强调的是内部力量，即自身的努力。下面再探讨下外部力量，即外界海量的知识与经验。

说起外界知识，除了直接参考其他产品的设计以外，大家参考最多的，可能就是iOS Human Interface Guidelines 和 Material Design 这些设计规范了。根据个人的实际经验，很多时候，我们是拿这两个分别来自苹果和谷歌的设计规范当字典用，即当遇到不会或不太确定的点时，才去翻一翻、查一查。

虽然这两个规范很优秀，但是却很难被我们"物尽其用"，因为它们的知识体系过于庞大，有点像字典。依据字典里的每一条原则去检验我们的交互设计，是很难做到的。

但是有一个设计规范，非常适合拿来检验我们的交互设计，那就是尼尔森十大交互原则。

太详细的就不赘述了，这里我们简单看下这十条原则。

1. 状态可见
   用户时刻清楚正在发生什么。
2. 环境贴切
   营造一个用户熟悉的环境，比如语言、词语、图标等。

3. 用户可控

   控制权交给用户，并且多数时候，考虑支持撤销重做。

4. 一致性

   方方面面的统一，比如文案、视觉、操作等。

5. 防错

   要么消除容易出错的情况，要么在错误即将发生时提醒用户。

6. 易取：识别比记忆好

   让组件、按钮、选项等元素可识可见，减轻用户的记忆负担。

7. 灵活高效

   优先考虑人数最多的中级用户，同时兼顾高级和初级用户。

8. 易扫：优美且简约

   阅读体验要好，扫视体验也要好；保持简约和美观。

9. 容错

   帮助用户识别、诊断错误，并从错误中恢复。

10. 人性化帮助

    日常的使用最好脱离帮助文档，但有必要提供帮助文档。

个人非常建议在日常工作中，把尼尔森十大交互原则作为一把标尺，来时时刻刻检验自己的交互设计。

2.5.4 交互设计：如何做到品质

老子曾说过："人生于世，有情有智。有情，故人伦谐和而相温相暖；有智，故明理通达而理事不乱。情者，智之附也；智者，情之主也。以情统智，则人昏庸而事颠倒；以智统情，则人聪慧而事合度。"

简·奥斯汀的《理智与情感》，虽然写的是小镇上的婚恋与生活琐事，但背后折射出来的洞见——要有真情感，更要用理智控制情感——与老子的观点不谋而合。

做人做事，感性和理性都需要。做交互设计，也是如此。

更进一步来讲，交互设计的高品质，是感性、理性和实践的完美融合。具体来讲，我们需要做好三件事：培养语感，理性思考，反复实践。

1. 培养语感

对于"语感"这个词，百度百科是这样解释的：

语感，是比较直接、迅速地感悟语言文字的能力，是语文水平的重要组成部分。它是对语言文字分析、理解、体会、吸收全过程的高度浓缩。语感是一种经验色彩很浓的能力，其中牵涉到学习经验、生活经验、心理经验、情感经验，包含着理解能力、判断能力、联想能力等诸多因素。

这个解释包含四个经验、三个能力。每个经验、每个能力的获得都需要一定量的练习。不同的人底子不同，练习的量存在不同，所以语文方面的语感也存在不同。

像语感里提到的心理经验、情感经验，在不同语言里是相通的，且和交互设计里的主观感受存在相通之处。所以在我看来，一定程度上，作为母语的中文（语文），其语感是英语语感的基础，也是交互设计语感的基础。

什么是交互设计的语感？和语文的语感类似，交互设计的语感就是比较直接、迅速地感知交互设计优劣的能力，是交互设计水平的重要组成部分。

这个语感，和乔布斯口中"科技和人文的结合"中的"人文"，以及媒体和从业者口中的"人文素养"，也有相通和相似之处。苹果的设备之所以在交互设计方面拥有高品质，和乔布斯早年深受嬉皮士文化、民谣和摇滚歌手鲍勃·迪伦、禅文化、日式美学、字体设计等人文艺术方面的熏陶密切相关。

20世纪90年代，张小龙在开发Foxmail时，想必作为工程师的他并没有太多交互设计方面的经验，彼时这方面的理论和著作也少，张小龙更多是凭感觉在做。但是Foxmail就做到了交互设计方面的高品质并且产品广受欢迎，想必张小龙的语感也是极佳的。而据网络资料显示，张小龙本人喜欢阅读、电影和迈克尔·杰克逊的音乐，也有较深的人文素养。

所以在我看来，交互设计语感的内核，或者广义的交互设计语感，就是语文的语感，或者更进一步，是人文和艺术的语感。

狭义的交互设计语感，则是直接、迅速感知交互设计优劣的能力。

冰冻三尺，非一日之寒。一个广义语感，一个狭义语感，加起来基本等同于先天基因和人生经验之和。听起来有点定型的感觉。那这两个语感，还能培养吗？当然可以，广义语感和狭义语感需要同时培养。广义语感是内核，正所谓水涨船高，这个内核越好，狭义语感也会越好。

(1) 广义语感的培养

广义语感，即人文和艺术方面的素养。个人观点，它主要受性格和练习影响。性格则主要受遗传基因和童年经历影响。天生内向的人通常内心会更加细腻，这种细腻对于日后建立丰富的精神世界和情感世界，是一种优势。

祸兮，福之所倚。有些人的优势则建立在童年不愉快的经历上。比如美剧《千谎百计》里测谎公司的莉亚，童年时期暴力的父亲经常殴打她，使她学会了迅速判断别人的心情。莉亚没有受过任何专业训练，但是童年不幸的遭遇使她在识别微表情方面异常敏锐，最终被莱特曼博士力邀加入了团队。

性格有优势，自然是加分项。如果没有优势，也可以通过后天练习来弥补。这个后天练习，在我看来非常重要的一点，是来自书影音的熏陶。下面简单说说书影音。

首先，一定要看一些文学性强的作品，感受"思无邪"之美，因为这是人类内心深处共同的精神家园。个人的理解，文学性强是指充满真善美，满含人间烟火味，但无半点名利心的作品，比如《诗经》《草房子》《城南旧事》等。

其次，一定要看一些思想性强的作品，感受大道的至简之美。因为这些对于建立理性认知、对于探索事物的本质非常有益。具体的作品可以参考《道德经》《巴菲特致股东的信》《卓有成效的管理者》《零售的哲学》等。

最后，影视剧要多看，书更要多读。原因有两点：影视作品在刺激我们视觉和听觉的同时，也会留给我们思考和想象的空间，但这些空间通常没有文字留给我们的多，此其一；其二，影视作品里的语言基本以对话为主，而以上文所提书籍中的小说为例，除了对话，还有很多关于环境、人物、心理、情感以及哲理等的描写。基于这两点，虽然有些人可能天生就是视觉动物，但阅读始终是无法替代的，在培养语感方面也发挥着更为重要和基础的作用。

整体而言，如果目标是高品质的交互设计，那么在书影音的选择上面，建议大家去选一些经典作品。具体而言，豆瓣评分和豆瓣 Top 250 榜单会是不错的参考。

(2) 狭义语感的培养

狭义语感，即对交互设计优劣的感知能力。这个完全是后天训练出来的。如果这方面的语感不够好，进步空间会很大。主要方式就是多用交互设计方面高品质的产品。

举个例子，我们很多人用的第一台电脑通常是 Windows 系统，后来一部分人改用了 Mac。Mac 用久了，可能就会用不惯 Windows，这可能就是语感提高的一个例子。我们常用的一些产品，比如微信、iOS 等，在交互设计方面都拥有很高的品质，客观上它们也在潜移默化地提升我们的语感。

这里再向大家推荐一个涉及网页端和后台管理、编辑的产品，它的交互设计很优秀，那就是博客搭建平台 Squarespace。我自己用过，很好用。

2. 理性思考

交互设计要做到高品质，就要求从信息架构到交互设计，大大小小无数细节，其决策几乎全部是正确的。这是一个很高的要求，背后必须要有理性思考的支撑。

现实情况是，很多团队做不到这一点。然而，交互设计从构思，到讨论，到设计，到优化，每一个环节我们都有理性思考，那又为什么做不到高品质？在我看来，这些理性思考还存在进步空间。只有优秀的理性思考，才能设计出高品质的交互设计。优秀的理性思考，通常是一种独立思考，需要同时做到以下三点：逻辑准、重点明、权重对。

(1) 逻辑准

逻辑准，是理性思考的基础。它的难度不大，只要认真思考，我们基本上都能做到。

交互设计的每一个决策，通常都会综合考虑多个因素。逻辑准，主要针对单一因素的逻辑。比如有的用户可能会说，建议微信把"朋友圈"设为一级页面，这样刷朋友圈时少点一下会更方便，这就是针对单一因素的逻辑，它本身是准确的。

(2) 重点明

重点，是指刚才所提"多个因素"里的重点。影响决策的因素一多，我们自然要去抓重点因素，否则很容易"拣了芝麻，丢了西瓜"。

重点明，是理性思考的核心。它的难度最大，只有努力练习，我们才有可能做到。

那么，怎样在多个因素里提炼出重点？个人的建议是：先发散，后精简。

因为我们很难确保所想到的每一个因素都是"西瓜"，而非"芝麻"，所以需要通过"先发散"来完成一个量的积累，然后在量的基础上做精简，以筛选出"西瓜"。

所谓先发散，是指先自由地去想、去列决策的所有相关因素，大概列出 5~10 个即可，不宜过多，也不宜过少，同时确保这里面至少包含 2 个或 3 个重点因素。最大的难点在于，怎么判断哪些因素为重点？这个主要依赖大量实践，别无捷径，稍后也有案例分析，可供参考。

所谓后精简，是指把列出来的 5~10 个因素尽可能精简到 4 个以内。重点因素的数量通常是 2 个或 3 个，因素总数在 4 个以内的话，就很容易凸显重点，也就是重点明确。

还以是否把"朋友圈"设为一级页面为例，我们至少可以"先发散"出如下 7 个因素：

1. 少点一下，更方便；

2. 微信的用户体验不好，所以不把"朋友圈"设为一级页面很正常；

3. 继续把"朋友圈"放到"发现"页，是为了给"发现"页的其他功能，尤其是商业化功能引流；

4. "朋友圈"是个插件功能，可拆卸，作为一级页面不合适；

5. 把"朋友圈"设为一级页面，会影响到用户的使用习惯；

6. 微信坚持只有 4 个 Tab，也即 4 个一级页面，没有位置了；

7. 相比"即时通信"这个主要根需求，朋友圈所满足的"好友动态分享"是次要根需求，"即时通信"对应"微信""通讯录"页面，所以"朋友圈"和"微信""通讯录"页面平级的话不太合适。

然后利用排除法，进行"再精简"。

首先是因素 2，这个说法不够客观公正，所以排除。其次是因素 3，这个说法最多是果，而非因，且依据个人使用习惯来说，我认为这个说法夸大了"朋友圈"待在"发现"页的价值，所以也排除。最后是因素 5，这么做确实会影响到用户习惯，但是影响不算大，而且少点一下对用户也有利，那么如果把"朋友圈"设为一级页面这个决策非常正确的话，是可以这么做的，总的来说这个说法说服力不强，所以也排除。

最后剩余的因素 1、4、6、7，都很客观，逻辑也都比较扎实，分量也都比较重，所以保留为重点因素。

(3) 权重对

权重，是指为精简出来的重点因素进行优先级排序。

权重对，相当于足球比赛中的临门一脚，所以是理性思考的关键。它的难度也不大，优先级排序准确无误即可。而优先级排序的关键，很多时候在于最高优先级和最低优先级的确定，这个请大家注意。

接着刚才的例子，下面我们对重点因素 1、4、6、7 进行优先级排序，结果如下：

1. (6) 微信坚持只有 4 个 Tab，也即 4 个一级页面，没有位置了；

2. (4) 朋友圈是个插件功能，可拆卸，作为一级页面不合适；

3. (7) 相比"即时通信"这个主要根需求，朋友圈所满足的"好友动态分享"是次要根需求，"即时通信"对应"微信""通讯录"页面，所以"朋友圈"和"微信""通讯录"页面平级的话不太合适；

4. (1) 少点一下，更方便。

这里面权重最高的是第 6 个因素，因为一级页面的数量是信息架构的重中之重，权重自然非常高。权重最低的是第 1 个，因为特殊情况下这个因素是可以迁就的，而第 4 个是无法迁就的，第 7 个是难以迁就的。根据这个权重排序，微信是不会把"朋友圈"作为一级页面单独列出来的。

这个例子很有意思，它在一定程度上反映了我们很多人存在的不足：我们很多从业者，在理性思考时，逻辑准方面基本没问题，但是在重点明和权重对这两点上，可能会做得不到位。这就导致我们无法做出正确的决策。这样的细节一多，必然导致我们无法做出高品质的交互设计。

所以，要想在理性思考方面达到优秀，就需要同时做到以上三点。这还只是一个细节的决策，所有细节的决策都要如此，加起来会是一个庞大的工程。

3. 反复实践

理性思考，往往意味着反复实践。

因为互联网产品总是会更新，所以不管是新人还是老人，只要目标是高品质的交互设计，就总会碰到很多未知的或超越经验范畴的问题。面对新问题，很少有人能在第一版就做出正确的决策，也就是同时做到逻辑准、重点明和权重对：人类大脑中的想法，通常都是先有后优；选定一个方案通常需要比较和权衡多个方案；对选中方案的优化也包含了无数细节的调优。

Foxmail、QQ 邮箱和微信的交互设计都很优秀，为张小龙提供了大量成功经验。即便如此，如 2.5.3 节所述，微信上新功能时，张小龙都还要通过反复试用不同版本来找到那个正确版本，更别说我们这些没有多少成功经验的普通从业者了。

不管是选定方案的大决策，还是细节调优的小决策，要想变成正确的决策，都需要大量的实践。这个实践既包含理性思考的支撑，也包含感性语感的检验。

语感就类似品位，也会影响到交互设计的品质。如前所述，交互设计的语感，既包含人文艺术这个广义语感，也包含感知交互设计的优劣这个狭义语感。

培养广义语感，需要经年累月的实践，少则一二十年，多则一生的时间。如果想要一直保持那个状态，就需要一直实践。重点在于优秀文化的熏陶以及自己的吸收，还有自己不断的观察与思考。

培养狭义语感，也需要大量实践。重点就是日常多用交互设计优秀的产品。类似游泳需要让身体而非大脑记住动作，我们需要让控制感性而非理性的那部分大脑，记住并习惯于用过的所有优秀产品。

如果广义语感和狭义语感都很棒，那么当体验到品质不高的交互设计时，很有可能马上就会产生不太舒服的感觉；而当体验到高品质的交互设计时，极有可能也会很快感到满意和舒适。

2.5.5　交互设计：如何做到惊喜

个人有四点建议，分别是：保持好奇，巧妙融合，追求卓越，自然而然。

1. 保持好奇

我观察过身边读小学的小孩，发现当大人聊天时，特别是谈正事时，小孩特别喜欢坐在旁边听，而且听得很认真。小孩有时也会说两句，或是问问题，或是发表自己的看法。看得出来，小孩对成年人的世界怀有极大的好奇心。实际上，不止对成年人的世界，小孩对周遭世界都有比较强的好奇心。

整体而言，成年人对周遭世界的好奇心远不如小孩。我们互联网从业者也不例外。

好奇心和交互设计，有什么关系？交互设计，某种程度上，也是一种创作。好的创作，一定来自生活。这就需要我们去观察生活。观察生活，非常重要的一点，就是好奇心，对周遭人、事、物要有足够的好奇心。比如之前提到的例子，在iPhone上删除应用前，应用图标会抖。这种抖是一种趣味隐喻，既可以理解成吓得发抖，也可以理解成摇头求生。如果对生活没有足够的好奇心，就很难留意到这种生活细节，并把它作为一种隐喻用到交互设计中。

那么，怎样判断自己是否拥有足够的好奇，其标志是什么？个人观点，有两个标志。第一，是对与个人利益无关的生活小事的关注，远多于对个人利益本身的关注。第二，观察和思考远多于评价和自大，追本和溯源远多于傲慢和偏见。

为什么会提到个人利益？因为，通常而言个人利益，尤其是短期利益（比如少花时间设计和修改原型），往往会和用户体验存在一个此消彼长的关系。如果过于关注个人利益，不仅很难照顾到用户体验，甚至会伤害用户体验，至于给用户带来惊喜，就更无从谈起了。

回到现实当中。在时代洪流面前，做到好奇心的两个标志，显得比较难，该如何实现？关键在于找到背后的源动力。这个源动力，在我看来有两点，分别是：求知若渴，淡泊宁静。

求知若渴，可以源源不断地驱使我们去观察、去思考万事万物的规律和联系。淡泊宁静，正如诸葛亮在《诫子书》中所说，"非淡泊无以明志，非宁静无以致远"。人的心力和精力终归是有限的，如果我们过度沉迷名利、物欲、享乐，就难有兴趣和精力去琢磨万事万物了。

所以，只要找回自己童年的那种求知若渴，同时修身养性到淡泊宁静，这份旺盛的好奇心就会回来。

2. 巧妙融合

某种程度上，很多带给我们惊喜的交互设计，就是一种巧妙融合。我把这种巧妙融合，初步分成了三类：简单融合，直接融合，委婉融合。

(1) 简单融合

简单融合，是指把一个较为简单的操作动作，比如长按、双击、下拉、左滑等，和一个合适的功能融合在一起。比如常见的隐藏功能和计算机上的快捷键，都属于简单融合。通常而言，一个操作对应什么功能，讲究的是合适，并无固定章法束缚。比如在微信朋友圈，发表文字的功能可以靠长按（相机图标）唤起，设置权限的功能也可以靠长按（好友头像）唤起。所以，简单融合这块，可供我们发挥的空间很大。另外，简单融合的常见形式之一——隐藏功能——在带来一定惊喜的同时，还实现了界面的简洁。

简单融合，既简单，又实用。建议大家充分开发这一块。

(2) 直接融合

直接融合，是指将生活中的趣味性直接搬到软件中，搬到交互设计中。比如微信聊天中的扔骰子、石头剪刀布。这一类融合有点像商场里的电玩城，虽然我们不会经常去玩，但确实比较好玩。

(3) 委婉融合

委婉融合，是指用明喻或隐喻的手法，将生活中微不足道的一些细节移植到交互设计中。

这种移植，有时是直白的。比如在 Mac 上打开应用时，其图标会在 Dock 栏里有规律地弹跳，这会让我们联想到皮球的弹跳。

这种移植，有时是隐晦的。比如 iPhone 上删除应用前，其图标会抖。这种抖，是害怕还是求饶，任凭我们想象。

这种移植，有时是无声的。比如在朋友圈，要想呼出隐藏的设置权限功能，只能长按头像，长按名字则不行。这个设计，不乏想象空间。如果不尝试长按名字，则不会发现这个细节。

委婉融合，有时会带一些趣味性。更为重要的是，它能引发我们的思考和想象，所以是一种很出彩的融合。这种融合，也会赋予交互设计一种禅的味道。整体而言，我非常推荐委婉融合。

3. 追求卓越

如果目标是小惊喜，那么保持好奇心，并做到巧妙融合，基本足矣。如果目标是大惊喜，则需要雄心壮志，需要舍我其谁，需要追求卓越。

日常工作中，可能会听过这样的话："这个动效／功能，实现不了"。大惊喜里的几个例子，比如初代 iPhone 的触控体验、iPhone 里的测距仪、微信的扫一扫识物——这种复杂且很有难度的设计，意味着要修一条最好的"长城"，背后往往有很多技术难题要攻克，有很多脏活累活要做。如果团队文化就是做出最优秀的交互设计，那么"实现不了"这句话，估计就听不到了，取而代之的可能是"还在研究中"或"下个大版本能上"。

4. 自然而然

提到惊喜，还有一款值得研究和学习的产品，那就是锤子手机的 Smartisan OS。个人观点，在小惊喜方面，Smartisan OS 颇有建树。在大惊喜方面，Smartisan OS 也进行了一些值得学习的探索。

先说小惊喜，有一些比较炫的小功能，比如华丽而细腻的桌面翻页动画、四指横划桌面可以切换桌面背景；还有一些贴心的小功能，比如下图的静音可以设置时间、方便的长截屏。

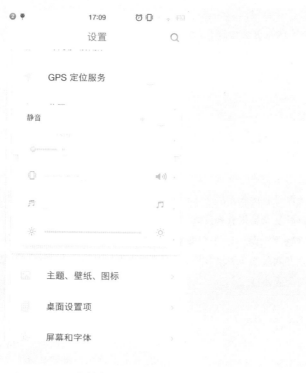

Smartisan OS 之静音可以设置时间

Smartisan OS 之方便的长截屏

再说大惊喜。2016 年 10 月发布的一步和大爆炸，是比较大、比较系统的两个功能，在当时也很新。所以相对而言，这两个功能是 Smartisan OS 的大惊喜。

我的备用机是锤子手机，身边也有朋友在用锤子手机。以下图的一步为例，我体验过很多次这个功能，但平常很少用，身边朋友的情况也类似。

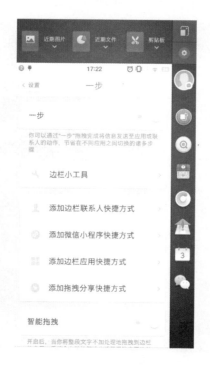

Smartisan OS 之一步

根据使用情况和主观感受，个人觉得，一步这个大惊喜还存在进步空间，主要有以下两方面。

第一，宏观层面。一步作为新生事物，好比一颗新种子。种子破土而出时，是一棵嫩芽，而不是一棵大树。新生的一步功能繁多，犹如一棵破土而出的大树，一方面有违自然规律，另一方面也是因为功能繁多，可能很多用户无法一下子看懂，看不懂可能就不想用了。

第二，微观层面。一步这棵新大树，结了很多不同的"果子"，比如拖动图片到其他应用、切换后台应用、展示最近图片／文件等，但这些果子是用户真正需要的吗？这个是要存疑的，比如拖动图片到朋友圈就能发朋友圈这个设计：通常而言，我们发到朋友圈的图片都是经过精挑细选的，比如旅游或聚会结束后发的照片，这会占用一定量的时间——一步解决的是效率问题——而发朋友圈的时候，少点几下这种效率问题，优先级是比较靠后的，我们通常没那么在乎。还有拖动图片 / 文件这个交互动作，大家通常在电脑上用得比较多，在手机上几乎没有这个习惯，实际上应用场景也少——在手机上，大家一般只习惯拖动应用图标。还有切换后台应用这块，大家第一个想到的，一定是系统自带的——因为已经用惯了，而且唤起速度比一步快，点击面积也比一步大。总的来说，微观层面上，一步比较缺少能让大家马上想到它的功能点。

最后，总结一下：对于领先时代、引领潮流的交互设计，需要做到自然。具体而言，大惊喜是一种系统性大功能，好比一棵大树。这棵大树，最好有一个从种子到果子的生长过程，这样最自然，生命力也会最旺盛。

因为从破土而出的嫩芽阶段，就可以通过用户反馈和数据来检验这种嫩芽是不是真的对用户有价值。如果价值不大或没有价值，还可以再调整。如果长成大树结满果子，再去调整，就很难了。

2.5.6 交互设计：如何做到善意

善良经常被用来形容人，偶尔被用来形容产品，很少被用来形容交互设计。就像人们可能会说，某产品有人文关怀，而很少会说，某产品的交互设计有人文关怀。在我看来，原因之一，是交互设计很难囊括所有的人文关怀，产品则基本可以。类似的道理，本节探讨的善意，始于交互设计，但不局限于交互设计，还包括产品和企业的善意。

为了更好地探讨"善意"这个话题，本节将从"为何选择善意"开始，之后才是"如何做到善意"。

1. 为何选择善意

一个三岁小孩流落街头，无家可归，会让无数人起恻隐之心。我们普通人的微小善意，有时可能是一种本能反应，或者说是一种感性反应。

"他内心是有时邪恶，还是对人们始终良善"，李宇春在《年轻气盛》里这样唱到。恶是否为本能，我不知道。科学家的解释是，有些基因中会带有恶。可以肯定的是，善恶皆为人性，共存于人间。

感性和理性是会此消彼长的，林黛玉和薛宝钗就是两个极致的例子。类似的道理，人类体内的善恶，也会此消彼长。

一款产品，在做决策时，很大程度上是基于理性。这种理性决策，很多时候是无意为善，也无意为恶。但遗憾的是，那个非善非恶的中间地带不会一直存在。有些无意为善和无意为恶，最终会成为非善即恶，比如开屏页是否放广告这件小事（下文有详述）。既然善恶会此消彼长，而且产品的有些决策会导致非善即恶，那么不可避免地——有时候，善恶会变成一道二选一的选择题。

接下来我们就从理性角度探讨下，为什么选择善意？

(1) 长期主义

最近几年，互联网从业者有个共识：创业是件九死一生的事。因为据数据统计，90%的创业公司活不过三年。这是一个值得深思的社会现象，背后的原因究竟是什么？直接原因，往往是资金链断裂。深层原因，会有很多，比如产品不够好、方向不够准，等等。那么，核心原因是什么？个人认为，和创始人的执念有关。

有两类执念可以避免此类悲剧。第一类是做出优秀产品；第二类是长期主义。

做出优秀产品这块，我见过两个普通创业公司的例子：他们都有一颗做出好产品的心，都很重视 UI 设计、交互设计这些基础的东西，而且 UI 设计做得比较优秀，交互设计做得还不错。其中一家靠着产品的付费功能在平稳发展，另一家连产品带团队被知名公司收购了。

长期主义这块，典型例子之一是巴菲特。巴菲特信仰并践行价值投资，价值投资依赖长期主义。最近几年，长期主义在国内也被越来越多的人提及。个人的理解，长期主义至少包含两个要点：积累和多赢。因为，没有积累，就不会有成就；没有多赢，成就就不会长久。

排球界有个说法，叫"三年成形，五年成才，八年成器"。互联网行业也大致如此，这是积累。用户、员工、投资人这三方的利益都兼顾好，这是多赢。

顾客至上，因此大家都知道要对用户好；投资人作为比较强势的一方，利益也往往有保障；员工的利益能否得到很好保障，往往取决于创始人，所以存在很大变数。

回到主题，长期主义和善意有什么关系？通常而言，多赢能否实现，关键在于员工的利益能否得到很好的保障。我在网上看过一个有意思的评论，说当下的年轻人，如果"收入、成就感、愉悦"这三点有两点达不到，就会辞职。所以，员工利益得到很好保障的标准，可以简单定义为"三中二"，即满足"收入、成就感、愉悦"这三点中的两点。

再来分析一下现状：相比员工，公司是强势的一方；人们仍受官僚思想、落后管理理念等观念的影响；恶性加班等风气的存在；相对僧多粥少的就业行情。在这样的大环境下，如果公司对员工没有爱和善意，员工的利益就很难得到很好的保障。

最后，总结一下：公司有善意，员工利益就有很好的保障，就能实现多赢，从而有望实现长期主义。

(2) 美好生活

新冠疫情伊始，因为给武汉捐款 5000 万，并且疫情期间蔬菜按成本价销售，胖东来这个商超在网上刷屏了。胖东来自河南许昌（一个三四线城市，也是我的家乡），目前仅在许昌和新乡有店。

在一些关于胖东来文章的评论区，很多网友在喊胖东来去自己的城市开店。为什么有这么多呼声？简单分享几个例子。顾客方面，胖东来有 6 类购物车，包含婴儿手推车、儿童购物车和老年人购物车。老年人购物车自带凳子，可供休息，同时还配有放大镜。员工方面，有高薪、高福利和利润分红等。胖东来比较为业界称道的高福利有：每周二闭店，春节闭店 5 天，工龄满 1 年即有 30 天带薪年假，一天最多工作 7 个小时。

从网上的报道、评论以及公布于网上的企业文化（见下图）来看，胖东来一方面主张工作和生活（爱情、家庭、休假等）的平衡，另一方面在践行和传播尊重、真诚、勇敢等很多积极的文化价值观。

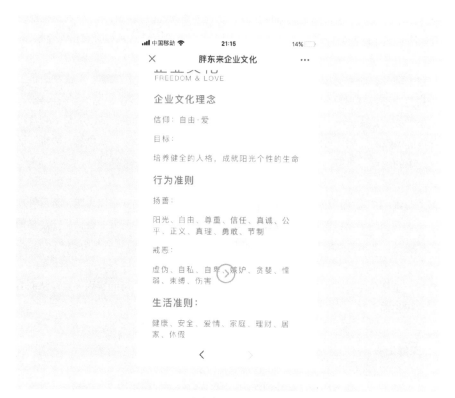

胖东来企业文化

看新闻的时候，我注意到老板于东来经常会提到"美好"这个词。实际上，在我看来，胖东来描绘了一种美好生活，一种物质和精神双丰盛的美好生活。对于这样的美好生活，顾客和员工自然喜欢。可这对企业有什么好处？胖东来曾经意欲退出新乡市场，新乡合作商家和市民纷纷请愿，政府也多次出面挽留，最终胖东来留下来了。可见，胖东来在新乡已经深入人心，顾客自然会大力支持它的发展。

胖东来有一句标语，能够很好地解释这一切，那就是：爱在胖东来。同样，既提供体面收入，又关注员工和用户的精神需求，给他们带去美好生活，当然需要更大更多的善意，乃至爱心。

在当下中国，能提供高薪的互联网公司已经有很多了，但是在精神层面能让员工感到幸福和快乐的公司却为数不多。于所有企业而言，这又何尝不是一种机会？

2. 如何做到善意

2.5.1 节既阐述了三类基本善意，也提到了可以"通过服务来激发用户的善意"。

通过服务来激发用户的善意，更全面地讲，是"先服务后管理"。本节将以内容型社区型产品为例来阐述这一点。

服务本身就是一种善意。这里的服务，是指以服务者的心态做好用户体验，并不局限于交互设计。这里的管理，指的是一些必要的管理，一般是用户的行为规范和用户违规时的处理。

所有用户都是需要被服务的，只有少数行为不当的用户才是需要被管理的，所以我们要先服务后管理，以免误伤了不需要被管理的用户。

为了便于阐述服务的相关内容，我把一款产品的体验过程分成了两个阶段：体验的初始阶段，体验的完整过程。初始阶段对应一类服务：初始服务。完整过程对应两类服务：家常服务，极致服务。

(1) 初始服务

初始服务，是当用户刚开始用一款产品时，能给他们留下良好印象的服务。如何做到？不出现任何轻微恶意和管理倾向即可，若能再提供一些便利和帮助，则更好。

先来看一个反面例子：个别城镇的卫生死角。

在这里，有时会看到这样的标语，"此处禁止倒垃圾！违者罚款 200！"结果那个地方往往有很多垃圾。为什么会这样？这个标语有两层意思：第一，你很可能会在这里倒垃圾；第二，禁止你这么做，做了要罚钱。也就是说，某种程度上，这个标语在用恶意揣度别人，同时也在很严格地管理别人。

看到这个标语的人可能会这样想：既然认为我会在这倒垃圾，那我索性就倒了；禁止我？凭什么？还罚我钱，吓唬谁呢，况且你有证据吗？

再来看一个正面例子：微信公众号后台。

面向大众的资讯平台一般有一份侧重禁止行为的发文规范，这份规范通常会被单独展示在一个网页（大概一两页 A4 纸的内容量）上。通常情况下，多数作者是不会违反发文规范的。对于这部分作者，当他们首次看到那一两页密密麻麻的发文规范时，可能会产生抵触心理——就好像高中开学第一天，班主任二话没说，就直接立了 20 条很严的班规，这可能会让同学们产生抵触心理。

微信公众号的做法就很巧妙，它把这些规范分割成了三部分。

第一部分是严禁的红线行为，以带有解释且高度概括的一行文字微弱呈现，所有人都能看到，但是得仔细留意才能注意到，这是规范性质，见下图蓝框里的内容。

公众号里严禁的红线行为（蓝框里面），规范性质

第二部分和竞品一样，也是链接出来的一个单独网页。链接入口也和竞品一样，在关联性最强的发文页面右上角。不同的是，这一页展示的是规则，主要以问答的形式呈现，给人感觉是有帮助的信息，这就有服务的性质了，如下图所示。

公众平台群发规则

1、公众平台群发人数的上限?
微信公众平台群发消息的人数没有限制,只能群发给粉丝,不支持群发给非订阅用户。

2、公众平台群发都支持哪些内容?
目前支持群发的内容:文字、语音、图片、视频、图文消息。

3、公众平台群发消息的规则及限制。
1)订阅号(认证用户、非认证用户),1天只能群发1条消息(每天0点更新,次数不会累加)。
2)服务号(认证用户、非认证用户),1个月(按自然月)内可发送4条群发消息(每月月底0点更新,次数不会累加)。
3)上传至素材管理中的图片、语音可多次群发,没有有效期。
4)群发图文消息的标题上限为64个字节。
5)群发内容为文字的字数上限为600个字符或600个汉字。
6)语音限制:最大5M,最长60min,支持mp3、wma、wav、amr格式。
7)视频限制:最大20M,支持rm、rmvb、wmv、avi、mpg、mpeg、mp4格式(上传视频后为了便于粉丝通过手机查看,系统会自动进行压缩)。

温馨提示:公众平台群发消息目前只支持中文和英文,暂时不支持其他语言。

4、公众平台群发消息粉丝侧是否有提示音通知?
1)订阅号群发消息,粉丝手机端微信接收是没有提示音的,在微信会话列表会有新消息提示("红点"标志)。
2)服务号群发消息,粉丝手机端微信会收到提示音。
3)素材管理的图文预览单独发粉丝微信号,手机端微信会收到提示音。
4)公众平台消息管理的实时消息,给某一个粉丝回复消息,手机端微信会收到提示音。

公众号里以问答形式出现的群发规则,服务性质

而竞品的这个页面,通常是禁三禁四的规范,给人的感觉可能是紧张、压抑,甚至是抵触。

第三部分是次于红线的禁止行为,比如侵权、低俗内容等。这部分内容的管理办法以公告的形式分散在公告列表(见下图底部的"公告"模块)里。除了这些管理办法,公告列表里还有很多其他内容,比如各类通知,所以这个公告列表也不会像竞品的那一页规范一样,给人紧张、压抑的感觉,性质上是中性。另外,这部分的入口在后台首页右上角(见下图右上角的"更多"链接),和发文模块是分开的。所以不会违反规范的作者一般不会去公告列表里翻这些内容,也就看不到。

公众号里包含多种信息的公告列表及其入口（"更多"链接），中性

微信公众号就是这么巧妙地让多数作者看不到"班主任"的"20 条班规"，同时还让他们看到了"班主任"的"常见问题回答"。这就是微信公众号后台在发文规范方面的初始服务。

(2) 家常服务

家常服务，是指一种稀松平常但又让用户感到舒服自在的服务。

举个例子，你去好朋友家里玩，朋友给你倒了一杯水，并端出一盘削好皮并切好的苹果，你们一边吃一边聊。你和朋友是平等的关系，他这种简单的招待并不会使你感动，却会使你感到舒服自在，仿佛在自己家一般。我在用微信公众号后台时就会有这种感受。

家常服务，如何实现？第一，要有良好的初始服务，这是基础；第二，要有周到且较高品质的交互设计，这是关键。

还是以微信公众号后台为例，和微信 App 一样，它的交互设计同样做到了周到和较高品质，详情就不描述了。

(3) 极致服务

极致服务，是指让用户感动的服务，比如海底捞和胖东来的服务。这种服务，一般是由许多细节积累而来，是一种做加法的服务，而且背后往往依赖很多人力。

好的交互设计，一般是在做减法，而且纯粹是界面、机器在和用户打交道，所以难以将极致服务复制到交互设计上。

不过，一款互联网产品，除了交互设计，还有其他方面的内容。B站就是一个例子，它以不走寻常路的方式，在两个方面做到了较为极致的服务，那就是：视频无广告，比较欢乐友好的弹幕氛围。

2.6 "看得见的手"之四：UI 设计

交互设计的探讨视角，是价值观。UI 设计的探讨视角，会是什么？

关于 UI 设计，最近几年出现了一些"商业化设计""增长设计"的概念。在我看来，就像人要活着，心肝肺等核心器官都要发挥作用一样，要想实现增长、实现商业盈利，很多因素都要发挥作用，UI 设计只是其中一个因素罢了。实际上，"商业化设计""增长设计"这种叫法，既有夸大 UI 设计功效之嫌，也是 UI 设计无法承受之重。

不管是出于什么原因出现了这些现象，最好的解决办法还是要各就各位，各司各职。纷纷扰扰之中，是时候回归"本质与价值"了，这便是 UI 设计的探讨视角。

在正式探讨之前，先简单明确下交互设计和 UI 设计的区别。

交互设计，包含信息架构、信息的分类与展示、人机交互等，这些多以原型的形式来展现。

UI 设计，则负责美观、设计风格、浏览体验、阅读体验等内容，这些基本以 UI 设计稿的形式来呈现。本书提到的 UI 设计，主要是指这四个方面。

2.6.1 UI 设计的本质与价值

关于 UI 设计，工作中经常会出现三个词：好看、规范、需求。UI 设计的本质与价值，也与这三个词密切相关。

1. UI 设计的本质

个人观点，UI 设计本质上是美学、理性和需求的完美融合。

(1) 美学

爱美之心，人皆有之。虽然我们很多人没有像日本学生一样，受过良好的美学教育，但审美之眼，也是人皆有之。几乎所有人，从小到老，都会对好看的人多几分好感，也都会去买自认为好看的衣服和物品。好看的人和物总会给我们一种赏心悦目的感觉。

我们在买衣服和物品时，常常会给所有衣服和物品贴上"好看"与"不好看"的标签，"不好看"的几乎一定不会买。对待一款不好看的 App 也是如此：虽然可能会不得已而用之，但是内心往往已经给这款 App 打上了"不好看"、甚至"不专业"的标签。

面对用户，UI 设计和大部分设计一样，第一个问题就是好不好看，就是美学。

(2) 理性

随着全球电影产业的蓬勃发展，电影观众的审美和品味也在水涨船高。有些观众习惯在看完电影后去豆瓣电影标注一下，顺便评个星。部分资深影迷，在评星前，会先在心里给这部电影打个具体的分数。这个具体分数和豆瓣的实际评分，可能会非常接近：误差在 0.5 分之内。

这在一定程度上说明，这些资深影迷的审美好，欣赏水平高。但是，如果让这些资深影迷自己去拍一部电影，可能就非常难为他们了。类似的道理，让大众去从事 UI 设计，就像让影迷去拍电影一样难。

欣赏美和制造美中间，隔着一道鸿沟。这道鸿沟，最核心的部分就是各类专业知识，一言以蔽之，就是理性。

(3) 需求

部分入行不久的 UI 设计师可能会做一些虚拟项目来练习。但在求职面试环节，面试官一般对这些虚拟项目不感兴趣，最多把它们当成视觉稿来一扫而过。原因之一，这些虚拟项目是没有经过市场检验的虚拟需求，有可能是立不住脚的需求，所以面试官不愿花时间去了解。如果展示出来的作品是针对现有产品的重新设计——忠于原有真实需求的重新设计，那么面试官的兴趣就会增加很多。

UI 设计和大部分设计一样，是要解决问题的。这个问题，就是需求。

曾有人说，作诗是戴着脚镣跳舞。这里的脚镣是指诗的韵律。

UI 设计作为一种创作，同样也是戴着脚镣跳舞——左脚的脚镣是理性，右脚的脚镣是需求，而美学，则是舞蹈本身。

2. UI 设计的价值

对 UI 设计而言，本质即价值。

比如我们可能会在网上或工作中听到这样的话：UI 设计，先是解决问题，再是美——讲的是需求和美学价值；UI 设计，先是逻辑学，再是美学——讲的则是理性和美学价值。

UI 设计，就是用理性方法来满足需求，并带来美学享受。所以，美学、理性、需求这三样，本身也是 UI 设计的价值所在。

3. UI 设计的核心价值

偶尔会有人讨论、预测 UI 设计的未来趋势。个人观点，UI 设计可能会有很多未来，但其核心价值，一定是 UI 设计的未来之一，也是一个永恒的未来。既然我们的终极命题是用户体验，那这个核心价值，一定要从用户角度出发。具体是什么？

不妨先以李子柒的视频为例。大部分用户在看这些视频时，是一个欣赏美（美学）的过程。这些美包含田园之美、古朴之美、劳动之美，等等。只有少部分用户才会关心拍摄、后期这些技术层面（理性）的问题。至于拍摄规划（需求，团队层面），关心的人就更少了。值得一提的是，拍摄规划这些团队层面的需求是表面的，更深层的需求是和用户相关的，那就是：欣赏美，享受美，诸如此类。

类似的道理，普通用户在面对一款 App 的 UI 界面时，几乎不会关注设计逻辑这种理性问题。大家最关心的，通常是自己的需求：在这能做什么，能得到什么。这个 UI 界面好不好看，有没有美感，大家好像不太关心。但一旦不好看，很可能会给用户带来一些负面情绪，用户可能还会觉得这款 App 不专业。如果很好看，很有美感，用户就会有一种美的享受，而且下意识会觉得，这款 App 可能比较专业。

所以，从用户角度来看，UI 设计的价值是需求和美学。另外，需求的决策与取舍往往是由产品人员而非 UI 设计师把握，所以需求不是 UI 设计的核心价值。

至此，可以看出来，UI 设计的核心价值是美学。

顺便提下，本书是把功能架构、交互设计、UI 设计分开来探讨了。从职业角度来看，这三项可能由 2 个或 3 个、甚至 1 个岗位完成；但从专业角度来看，这三项既相互关联也相互独立，所以有必要解耦。解耦后的分开探讨，有助于探讨得更深，也有助于三者的分工合作。

既然 UI 设计有核心价值，那么，交互设计和功能架构是不是也有核心价值？有的话，是什么？

这些问题，留给读者朋友了。

结语

对 UI 设计而言，需求是本分，理性是方法，美学是精神追求。所以相应地，美学也是更大、更受人尊重的舞台。

最后，借网友 dufu1212 的一段话来共勉：

生活总是有很多重负。如果在重负之下，你仍能保持良好心态，仍能让自己的生命美丽地舞动，那这注定是最精彩的舞蹈，是最能体现你智慧和才能的舞蹈。

2.6.2 UI 设计：如何提高审美

UI 设计的核心价值是美学。那如何做到美？最为核心和基础的，是先成为美的欣赏者。换句话说，要拥有较高的审美。

关于审美，会探讨三个问题，分别是：美是什么？审美来自哪里？如何提高审美？

1. 美是什么

情人眼里出西施。关于美，每个人都会有自己的看法。本节则从生活和学术两个角度，分别探讨下美是什么。

(1) 生活角度的美

生活中有两种美：自然之美、人造之美。

所谓自然之美，是指大自然的鬼斧神工，比如山川湖海之美，比如包括人在内的各种生物之美。所谓人造之美，是指人类发明创造的各种物质文化之美，比如建筑、诗歌、手机、书法之美，比如 UI 设计之美。

针对自然之美和人造之美，人类的审美有两个特性：共性、差异性。

审美的共性，是指人类在欣赏自然之美时，所表现出来的高度一致。比如黄山的美是世界公认的，奥黛丽·赫本的美也是世界公认的。

相应地，审美的差异性，是指人类在欣赏人造之美时，所表现出来的差异。比如一个关注流行与时尚的单身青年，过年回家的时候，可能会被并不关心流行与时尚的父母这样说：那啥，你姑准备给你介绍个对象……这身衣服不好看，上街买身好看的吧。

我们平常说的"审美"，更多是指人类在欣赏人造之美时所表现出来的差异。这也是本节探讨的"审美"。

(2) 学术角度的美

关于"美感"和"美"，它们的搜狗百科词条有如下解释。

能够满足人们主观需求的客观事物，会给人带来快乐的感觉，这种快乐的感觉就是"好感"；这种客观事物的形态特征，也会给人带来快乐的感觉，这种快乐的感觉被称为"美感"。而如果客观事物的某种本质属性能够引起人们的美感，那这种本质属性即为"美"。

比如我喜欢匡威经典款帆布鞋（All Star 系列，见下图），那我就会对它有好感。当我在街上或商场里看到它的时候，精神上就会产生一丝愉悦的感觉，这种愉悦的感觉就是美感。我会觉得匡威经典款帆布鞋是美的。

匡威经典款（All Star 系列）帆布鞋

能够满足人们主观需求的客观事物，就是人的价值取向。通俗来讲，可以说是人们喜欢的事物。

学术意义上的好感，还有一个重要前提，就是人们感觉到自己的主观需求被客观事物满足了。也就是说，当拥有喜欢的事物时，才会产生好感。

而我们平常说的好感，和是否拥有自己喜欢的事物没有必然联系。比如，不管我有没有买匡威经典款帆布鞋，我都会对它有好感。但当我买它的时候，我对它的好感一定会达到一个巅峰——各位想象一下自己血拼后的心情就知道了。

学术意义上的美感，则主要得益于所喜欢事物的外在形态。也就是说，当看到自己喜欢的事物时，无须拥有它，美感和美就会产生。

所以，相对而言，好感偏物质化，美感和美偏精神化，也就是我们在 2.6.1 节所说的：美学是一种精神追求。

学术或美学角度的美，可以分成两类：视觉之美、精神之美。

所谓视觉之美，是指外在形态之美或表现形式之美。比如企鹅胖墩墩、走起来一摇一摆的体态。所谓精神之美，是指视觉之美的精神内涵。比如企鹅胖墩墩、走起来一摇一摆的体态会让人觉得憨厚、可爱。

再比如石墨文档的 UI 设计（见下图），有一种中式美学在里面，会让人觉得安静、优雅。这里包含安静、优雅在内的中式美学就属于精神之美，石墨文档的 UI 设计本身则属于视觉之美。

石墨文档的 UI 设计

朱光潜先生在《谈美》一书中提到，"美之中要有人情也要有物理，二者缺一都不能见出美。再拿欣赏古松的例子来说，松的苍翠劲直是物理，松的清风亮节是人情。"

视觉之美对应"物理"，精神之美对应"人情"。

乔治·桑塔耶纳先生在《美感》一书中提到，"我们可以从一切表现中区分出两相来，第一相是实际呈现的对象，包括字词、意象等具有表现力的东西。第二相是暗示出的对象，包括更深远的思想、感情或者由此唤醒的意象等被表现出的东西。"

视觉之美对应"第一相"，精神之美对应"第二相"。

再来看下，视觉之美和精神之美之间存在怎样的关系。

朱光潜先生的观点是，"二者缺一都不能见出美。"乔治·桑塔耶纳先生的观点是，"如果价值完全存在于第一相中，就不会有美的表现。"

也就是说，视觉之美和精神之美，要么同时存在，要么同时不存在。先有视觉之美，之后引出精神之美；如果引不出精神之美，视觉之美也不会成立。

人类的大脑中，仿佛有一个庞大的数据库，专门用来存放关于美的精神和意识，包括但不限于上文提到的慈厚、可爱、安静、优雅等。我们姑且称之为"美学数据库"。当视觉之美映入眼帘时，大脑会马上到这个"美学数据库"中索引。当索引到对应的精神和意识时，精神之美就会马上出现，视觉之美也随即成立；当索引不到对应的精神和意识时，精神之美就不会出现，视觉之美也不会成立。

精神之美还有两样很特殊的美，那就是真和善。如果把精神之美比做一座金字塔的话，真和善既在塔底，也在塔尖，如下图所示。

精神之美里的真和善

之所以说真和善在塔尖，是因为人类拥有高级文明，赞美真和善、追求真和善，但是真假、善恶共存于人间，要想永远保持真和善很难，要想做到至真至善更难。之所以说真和善也在塔底，是因为一旦在真和善上有缺陷，其他精神之美也会跟着衰减。而一旦在真和善上有严重缺陷，其他精神之美甚至会土崩瓦解。

2. 审美来自哪里

审美主要在后天形成，同时也受先天影响。

(1) 后天形成

从前文我们知道，美有一个非常重要的影响因素，那就是大脑中负责储存精神之美的美学数据库。美学数据库主要形成于后天。

以上是学术角度，再来看看生活角度的情况。

据我观察，有很多兄弟姐妹，小时候的生活环境完全一样，读的学校也一样，但他们的审美却有比较大的差异。一般在中学阶段，甚至在小学的高年级阶段，这种审美差异就会在各自挑选的衣服、鞋子等物品上表现出来。

审美主要在后天形成。无论是学术观点还是生活经验，都说明了这一点。

(2) 受先天影响

天生内向的人，成年后很大概率会喜欢内敛一点的设计风格。天生外向的人则相反。

认真、探索这些品质，有些孩子生下来就有。在幼年和童年时期，当语文课本、课外读物、动画影视剧等内容为所有孩子打开一扇精神世界的大门时，天生具备认真、探索品质的孩子，可能会更快地熟悉这个精神世界，并更多地吸收其中的养分。

这些精神养分，会包含之前提到的美学数据库，所以对培养审美很有帮助。也就是说，一些天生的好品质，有利于培养审美。即便如此，我们也不必悲观。因为绝大部分好品质，是可以通过后天培养出来的。

3. UI 设计：如何提高审美

既然审美主要在后天形成，那一定是可以培养和提高的。

对设计师而言，审美一般有三个步骤，分别是：入眼，入心，入脑。对大众而言，审美一般只有入眼和入心这两个步骤。

所谓入眼，是指看到视觉之美，或被视觉之美吸引；所谓入心，是内心感受到视觉之美的精神之美；所谓入脑，有点类似我们平常说的职业病——设计师可能会简单拆解视觉之美和精神之美，并分析它们是怎么实现的。

结合审美三步骤，提高审美也可以分成三个阶段，那就是：入心，入眼，入脑。

注意，这里是入心在前，入眼在后。初始阶段，按照这个顺序来，往往会事半功倍。到了中后期，则不必拘泥顺序，交叉进行即可。

(1) 先入心

先入心，就是先丰富心中的精神之美。

我们常说，生活中不缺少美，而是缺少发现美的眼睛。这句话可以有两种理解：第一，确实没有留意到生活中的视觉之美，也就没有下文了；第二，看到了生活中的视觉之美，但是没有引出精神之美，最终没有出现美。不管是哪种情况，其根本原因都是内心缺少对应的精神之美，也就是大脑中的美学数据库比较贫乏。

所以，提高审美的基础，就是丰富大脑中的美学数据库，这也是提高审美的核心。因为美学数据库将会直接决定我们能否感知到美，以及能否输出美。如果美学数据库比较贫乏，那么看再多优秀的设计作品，也很难吸收到其中的精神之美。没有精神之美，美和好看就不会成立。

"街舞是艺术，艺术最重要的是（人的）感受"，易烊千玺曾这样说。UI 设计的核心价值是美学，美学最重要的也是人的感受，或者叫感染力。当美学数据库比较丰富并且我们能够娴熟运用里面的精神之美时，做出的设计才有可能充满感染力。

如何丰富美学数据库？

最基础的方法就是提升人文素养，因为人文领域有丰富的精神之美。最便捷的方式是借助书影音，这个在 2.5.4 节有详述，此处不再赘述。

这里做个补充，就是要吸收什么样的精神之美？

首先，是关于广度。

这个世界上有大量普世的精神之美，比如简洁、活力、安静、干净、利落、帅、酷、欢乐、可爱、温润、知性、力量、专业，等等。设计从业者（设计师和设计决策者）需要广泛吸收普世的精神之美，涉猎越广越好。

涉猎广有两个必要。第一，不管以后做什么风格的设计，这些普世的精神之美都是基础素材库，属于原始积累。比如 B 站和抖音的设计风格相去甚远，但它们都会通过圆润和肉乎乎的图标，来营造"亲切"和"可爱"的感觉，见下图。第二，只有涉猎广泛，我们才有可能欣赏并学习各种各样的设计、各种各样的美。

B 站和抖音风格相近的图标

其次，是关于深度。

关于精神之美，每个设计师，乃至每个人，都会有自己的偏好。每个设计师都应该尽早找到自己的审美偏好，并通过深耕的方式尽可能成为这个风格领域的专家。

最后，是关于流行趋势和时代审美。

流行趋势，可以结合实际情况来参考，但是没必要一味地追随。既要关注流行趋势，更要把握时代审美。两个原因：第一，一定程度上，是"铁打的时代审美，流水的流行趋势"；第二，当我们讨论流行趋势时，更多是在讨论表现形式，而时代审美会让人更多地联想到内容和内涵——形式服务内容，流行趋势服务时代审美。

时代审美是个大话题，希望我这里的描述能够抛砖引玉。大概因为在全球化进程中，我们还是一个发展中国家，所以不管是 UI 设计还是服装设计等其他设计，欧美日韩审美仍然占据优势，此其一；其二，我们生活在一个信息爆炸，同时物质丰富、诱惑丰富、焦虑丰富的时代，在这样的背景下，我们也会向以中式和日式为代表，并具备古雅诗意特色的东方美学寻求精神慰藉。由于日本设计和经济在全球的影响力，再加上中国传统文化的深厚底蕴及其在全球的影响力，以及中国在经济和政治上的崛起，东方美学不只在中国、日本等亚洲国家，在全球都占据着一席之地。

整体而言，时代审美的主旋律就是：简洁，东西方美学融合，东方美学小规模复兴。

苹果的设计，本身就是东西方美学融合的代表：因受乔布斯审美影响，苹果的设计（西方审美的重要代表）本身也包含禅文化、日式美学这些东方美学的元素。前文提到的石墨文档的设计，乃至李子柒的视频、设计师黄海的电影海报，本身都是东方美学小规模复兴的典型代表。

其实不止 UI 设计，华语乐坛的例子也极其类似。一方面，中国风这种东方审美一直占一定的市场份额，比如周杰伦的曲风。另一方面，东西融合也出现在越来越多的音乐和对应的视觉设计（专辑封面等）中，比如李宇春的《流行》这张专辑：《流行》这首歌融合了欧美电子音乐和中式竹笛；专辑封面（见下图）里热情、利落、带有批判思维（"流行"二字反着写，反思"流行"）、具备一定科技感和未来感的红色字体偏向西方美学，功夫服装和复古破旧教室则偏向东方美学。

李宇春《流行》专辑封面

(2) 再入眼

再入眼，就是再多看优秀作品。

当大脑中的美学数据库比较丰富时，就可以进行较大规模的入眼练习——多看优秀作品。优秀作品大致可以分成三类：设计作品，旅行见闻，日常见闻。

先说设计作品。

设计师应该多看不同类别的设计，包括但不限于平面设计、UI 设计、网页设计、插画、摄影、动效设计、字体设计、工业设计、空间设计等。最核心的有三大类，分别是：平面设计、UI 设计和网页设计、插画和摄影。因为平面设计是一切设计的基础，UI 设计和网页设计是 UI 设计师的基础工作，插画和摄影有着非常丰富的精神之美。途径主要分上线作品和线上作品，线上作品这块推荐站酷、Dribbble、Behance、500px、花瓣、Pinterest 等网站。

每个设计从业者都应该尽早找到自己的审美偏好，并在这个偏好范围内去寻找最优秀的设计作品和设计师。

再说旅行见闻。

好的设计需要灵感，而旅行见闻可能会提供丰富的灵感素材。旅行见闻之美大致可以分成三类：自然风光、建筑特色、人文特色。比如苍山洱海的苍茫与娴静，比如浦东图书馆"透明"（全玻璃幕墙，阳光全部洒进来）与"自然"（木质家具与环廊、空中花园、外围的绿化带）的设计理念，比如重庆那种将山水与烟火气息、文艺气息和江湖气息糅合在一起的独特魅力。这些旅行见闻之美，当放下杂务放空自己，带着欣赏的心态身临其境时，会给我们留下深刻印象。日后也会在需要灵感的时候，很自然地从脑海里蹦出来。

最后说日常见闻。

日常见闻之美就是在街上、商场、公园或图片、视频中看到的关于美的一切。比如公园里很吸引你的一件衣服，商场里让你眼前一亮的一个品牌 Logo，电视剧中深得你心的一款眼镜。日常见闻之美会比较繁杂，而且也不如旅行见闻之美那么令人印象深刻，但它就像吃饭睡觉一样构成了我们审美的日常练习，而且也是感知流行感知美，以及积累灵感素材的重要途径。

看设计作品，始终都是主动寻找、主动吸收。而欣赏旅行见闻之美和日常见闻之美，一开始可以是主动寻找，等到大脑中的美学数据库足够丰富时，这种主动寻找就会变成被动接收，从而变成一件很自然的事情，这也是最理想的状态。

(3) 后入脑

后入脑，就是最后多做动脑与动手并重的练习。

对于美的欣赏能力和鉴赏能力是基本功，有了一定的基本功，就可以通过作品来表达美。世人常说，设计师要靠作品说话。作品既用来表达美，也用来证明设计师的审美。

要做到用作品去表达美，除了练习，别无他法。练习时会涉及 UI 设计中的"理性"，这个会在 2.6.3 节详细论述。此处先用两个建议预热一下。

首先，把表达美里的"表达"拆成两个步骤：第一步是精确描述，动脑多一些；第二步才是作品，动脑与动手并重。精确描述是通过语言和参考作品对设计风格进行尽可能精确的描述。这个精确是指考虑周全、范围清晰、逻辑合理且自洽。描述越精确，最终呈现的设计风格就会越合适、越和谐。

术业有专攻，很多时候，精确描述只能靠设计师去主导和推动。现实中，设计师可能会急于动手开工，也可能会迫于需求方急于看到设计成果的压力，或者囿于业务能力、话语权等各种因素，最终没有在精确描述上下足功夫。这种情况，就像是去参加一个高手如云的歌舞类选秀节目，自己却没有在唱歌方面做好准备。所以，设计师一定要增强这方面的意识，并精进这方面的能力。

其次，练习无大小。不管是工作上的实际项目，还是业余时间大大小小的练习，只要认真对待，每一个细节，比如留白多少、图标多大，都有很多学问，所以都可以做得很专业，最终都会收获良多。

2.6.3 UI 设计：如何做到理性

UI 设计，有哪些理性？如何做到理性？止步于理性吗？

1. UI 设计，有哪些理性

UI 设计主要有四类理性：基本原则，基础知识，风格设定，风格把控。这四类理性有一个共同核心：活学活用。

(1) 基本原则

基本原则共有四个：对齐，对比，亲密，重复。

先说对齐。

秩序产生美。对齐作为一种基本秩序，主要事关整齐美观和阅读体验。

对齐一般分左对齐、右对齐和居中对齐。于阅读体验而言，左对齐通常胜过居中对齐，所以绝大部分文章和 UI 界面以左对齐为主。于美感而言，居中对齐往往胜过左对齐，所以一些强调美感胜过强调阅读效率、篇幅不长、同时需要细品的诗或歌往往采用居中对齐。于空间利用率而言，右对齐往往是对左对齐的一种补充，比如微信的发现页面，最重要的图标和文字左对齐，次要的右箭头和其他信息则右对齐。

UI 设计追求阅读体验、美感和高空间利用率，所以这三种对齐方式经常同时出现。整体而言，是以左对齐为主，以居中对齐和右对齐为辅。

再说对比。

嘈嘈切切错杂弹，大珠小珠落玉盘。音乐讲究韵律，设计也追求错落有致的节奏感。这种节奏感，很大程度上靠对比实现。

好的对比可以带来视觉张力，就是抓人眼球的吸引力，同时也能起到主次分明和视觉引导的作用，最终带来良好的阅读体验。一定程度上，对比是无处不在的——只要存在不同，就会存在对比——比如大小之间的对比，不同颜色之间的对比，文字与图标 / 图片之间的对比，不同对齐方式之间的对比，等等。

一般而言，对比要强烈：若不同，就彻底不同。因为一般情况下，充分的对比能带来更好的视觉张力和更好的阅读体验。

然后说亲密。

"设计就是分类"，张小龙曾如是说。分类中最重要的原则是亲密，还有一个副产物是留白。性质相同或相似的元素，我们会让它们看起来离得更近，关系更亲密。亲密成就分类，分类能化繁为简。

最后说重复。

设计追求一致性，一致性主要靠重复来实现。同一元素（比如这本书里的字体大小和字体颜色）的重复运用，能够保证一致性。

(2) 基础知识

基础知识主要包括：手绘、配色、版式设计、字体设计、品牌设计、动效设计、插画设计等专业知识。

UI 设计师可能不用画卡通人物或插画,但一定会画图标和 Logo,这些也会用到手绘。手绘是造型基本功，所以需要掌握一定的手绘技能。

颜色方面，最重要的是能够很好地感受和理解颜色传达出来的感觉，也即颜色的精神之美，这块主要依赖审美和练习。

配色方面，推荐软件里的 HSB（色相、饱和度和亮度）模式，这种模式很好理解，也方便调色。另外还推荐从照片中吸取颜色，因为照片往往会和"生活""自然"有一定关联，生活和自然是非常重要的素材和灵感来源。从色卡中挑选颜色也是一个不错的选择。

版式设计意味着综合运用对齐、对比等基本原则以及手绘、配色等基础知识，灵活运用是关键。本节后面的"活学活用"环节，会结合例子分享版式设计。

字体设计、品牌设计、动效设计、插画设计等方面，个人经验不多，就不分享了。本节末尾会附一份推荐书单，囊括基本原则和部分基础知识。

(3) 风格设定

风格设定，即 2.6.2 节提到的精确描述：在动手设计之前，先探索出合适的风格，并把它精确描述出来。

好的开始是成功的一半。风格设定是一个开始，极其重要。如果风格设定只做到 60 分，那么稍微打点折扣的执行结果就是不及格。所以，如果设计想要做到 85 分，那么风格设定就最好做到 90 分。

风格设定犹如在茫茫大海中行船，首要目标是把握方向，核心诉求是精准。海上并无现成道路和导航可循，只能依靠烦琐、严谨的推理和计算。风格设定的次要目标是划一个既清晰界定风格，又清晰指明"发挥范围"的"圆圈"，核心诉求是周密。因为需要清楚知道圆圈以内代表什么，圆圈以外代表什么。在精准和周密上同时做到优良，风格设定才能做到优良。

既精准又周密的风格设定，通常无法一蹴而就：风格设定阶段一般只能做到七成，剩下三成则需要在设计过程中继续探索和打磨。下文会结合案例分享具体方法。

(4) 风格把控

风格把控有两层含义，一是实现当初设定的风格，二是在实现的基础上做到统一和规范。

只要严格在"圆圈"里发挥，实现当初设定的风格并不难。那做到统一和规范难吗？往难了说，就是需要做大量琐碎工作：以联系的眼光看待所有设计元素，并把它们分类规整好，注意分类不宜过多，同时分类逻辑上不能出现明显问题。往简单了说，就是大量复用已有的设计样式。

风格把控就是在划定的"发挥范围"内，利用设计知识和经验，以规范的方式实现设定好的风格。

(5) 活学活用

活学活用就是要理论联系实际，避免生搬硬套和教条主义。作为四类理性的共同核心，活学活用典型的应用场景之一是版式设计。

活学活用会有很多具体表现，这里主要分享两个例子：正反结合，风格第一。

所谓正反结合，是指设计知识既能正着用，也能反着用。最常见的例子是对齐原则，大部分时候是正着用，但如果想要营造活泼的感觉，也会反着用：故意打破对齐原则。

除了对齐原则，其他设计知识，比如重复原则，也可以反着用。我的公众号文章配图就是一个例子：图片左上角、右上角和右下角分别散布着装饰元素（横线、圆环）

和 Logo，在装饰元素的出现次数上，没有用重复原则，如下图所示。过年家里挂灯笼一般至少挂两个，同一装饰元素一般至少出现两次，以达到一种和谐和较为热闹的装饰效果。

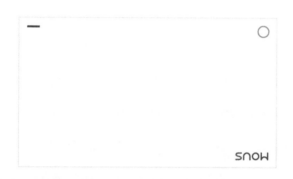

反用重复原则示例：同类装饰元素没有重复出现

虽然装饰元素的出现次数上没有用重复原则，但是出现位置（相似位置）、元素大小（相似大小）和元素颜色（相似颜色）用了重复原则，同样达到了和谐的效果。

所谓风格第一，是指设计风格永远第一，设计知识永远第二。知识服务风格，切不可重知识轻风格。

《倚天屠龙记》中，张三丰教张无忌练习太极剑时，要他忘记剑招，只记剑意。某种程度上，版式设计也要将"剑意"放在第一位，"剑招"服务"剑意"。

设计，最重要的是感染力，感染力主要来自个性、态度、价值观这些风格层面的东西，而非设计知识这些技法层面的东西。一个设计，当其技法高超而风格不足时，感染力和魅力往往会不足，这也是设计师容易犯的错误。设计师往往很难意识到这一点，因为技法高超风格不足虽然很难打动普通用户，但却能打动很多设计师，最终结果就是，这些作品在设计社区依然人气高涨。

2. UI 设计，如何做到理性

做到理性可以简单分成三步：规划，成形，细化。下面结合微信 Redesign 这个案例来说明。

(1) 规划

规划，就是设定风格。

设定风格，用到的方法这里称之为"红绿灯法"。"红绿灯法"借鉴并改良了我在网上看到的一种红黄绿卡片法（在红、黄、绿三种颜色的卡片上写下不同的设计关键词），并和情绪板有相似之处：都包含关键词定位和图片参考。

先说关键词定位，共有两步。

第一步类似头脑风暴，就是结合产品属性、用户属性、市场情况、个人喜好等因素，把能想到的设计关键词全部写下来。合适的不合适的都要写，只要想到了就写下来，确保有二三十个。如果关键词数量不够，那这个步骤可以多重复几次，直到够了为止。这一步设计师和需求方都要参与进来。

这个微信 Redesign 是个具有探索性质的小练习项目，基于微信 7.0，有两个目的：首先保留原有的交互体验和品牌识别度；其次在视觉上更年轻、更流行。可以将这个项目通俗地理解成：一款微信"皮肤"，主要给年轻用户和赶新潮的中老年用户用。

结合产品属性（社交类、工具类、内容类）、用户属性（年轻用户为主）、市场情况、个人喜好这些因素，这一步想到的关键词如下图所示。

微信 Redesign 之关键词定位

第二步是归类，就是把第一步产生的所有关键词归成红、黄、绿三类。红色关键词代表不能踩的红线，即不能这样做；黄色关键词代表黄灯警告，即这样做不太合适；绿色关键词代表畅通无阻，即应该这样做。如果关键词不够，还可以再补充。这一步依然是设计师和需求方共同参与，但需要由设计师来主导。

需要注意的是，绿色关键词最好控制在 3 个或 4 个，如果超过 4 个，就需要分成主绿关键词和次绿关键词，主绿关键词依然要控制在 3 个或 4 个。这样做有两个考量，一是确保简单和重点突出，二是也更容易实现。

回到第一步的关键词上。设计中当然可以用拟人、隐喻等手法，所以"拟人"作为关键词显得意义不大，故删去。"温润"和"亲和"，"轻微老少皆宜"和"大众"在语义上都存在一定的重复，所以均删去后者。删除这类不合适的关键词后，剩余关键词就按"红绿灯法"归类，归类后情况见下图。

微信 Redesign 按"红绿灯法"归类后的关键词

关键词定位已就绪，再来找参考图片。

可供参考的图片有两大类：照片和 UI 界面。UI 界面也有两类：线上作品（真实项目、练习作品等）和上线作品。

做 UI 设计，参考什么样的图片？个人建议，做什么类型的设计，就重点参考什么类型的图片。比如设计 UI 界面就重点参考 UI 界面，设计 Banner 就重点参考 Banner。UI 界面的设计，个人喜欢重点参考知名产品的上线作品。单从视觉角度来说，上线作品的质量可能比不过一些线上练习作品。但是已经上线的知名产品的 UI 设计，其风格的形成往往会经过很多推敲，会有很多比较成熟的设计思路在里面。参考别人的设计，最重要的是参考设计思路，其次才是参考表现形式。这种设计思路，有时候能从网上找到，但更多时候要靠自己推测。

关于参考图片，根据"很多年轻人在用，且风格比较流行"这条主线，我找来了QQ、抖音、B站、小红书、陌陌、Soul、腾讯视频、爱奇艺等产品的截图（见下图）。把这些产品的截图看完一圈后，面临一个问题：以图标为例，这几个产品的图标风格各异，但都基本具备年轻和流行的特点，那应该参考哪一个？

微信 Redesign 之图标风格参考（一）：QQ、抖音、B站、小红书

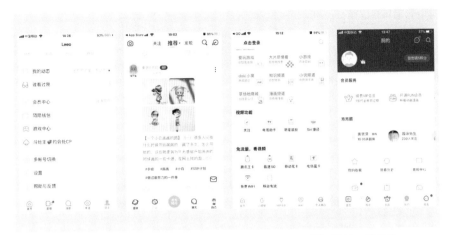

微信 Redesign 之图标风格参考（二）：陌陌、Soul、腾讯视频、爱奇艺

这时就要求助关键词定位。除了"年轻"和"流行"，主绿关键词还有一个是"轻微老少皆宜"，最符合这一关键词的是爱奇艺和腾讯视频：很多老人也会用这两个 App 看视频，网上公开的数据也能佐证这一点，所以它们的设计一定会照顾中老年用户的审美。

最后，结合个人偏好，我选择重点参考爱奇艺的图标风格，具体而言就是：深浅双色、较粗描边、圆润风格。

(2) 成形

成形，就是按照规划，实现设定好的风格。

红黄绿三色关键词及重点参考图片就绪后，就可以动手设计了。我一般会把界面设计粗略分成三大部分：版式风格、元素风格、元素大小（元素为图标、字体、图片、按钮等）。然后去一一实现。

先说版式风格。

用到的主绿关键词是"流行"和"年轻"。"流行"包括：更大字号的页面标题、尽可能用留白代替分割线和卡片的"无界"风格、圆形头像、更多留白更多舒适，等等。"年轻"包括：更圆润的搜索框、输入框和图标，更年轻更具活力的配色，等等。

再说元素风格之图标风格。

图标主要参考爱奇艺 App：其一，底部导航和发现页的图标都是深浅双色加较粗描边；其二，除了更圆润以外，部分图标还变萌了。

最后说元素大小。

最主要的元素大小是图标大小和字体大小，它们会影响整个设计的感觉。通常情况下，元素越小，给人感觉越精致、越高端，此其一；其二，可能是年轻人和老年人视力存在差别的原因，越小的元素往往越代表年轻人的审美，反之则越代表老年人的审美。

元素大小主要运用的主绿关键词是"轻微老少皆宜"。也就是说，需要在年轻人和中老年人的审美中找到一个平衡，所以元素大小基本上直接参考了微信 7.0 的设计，只在个别地方做了微调。

最后，出来的效果如下面三张图所示。

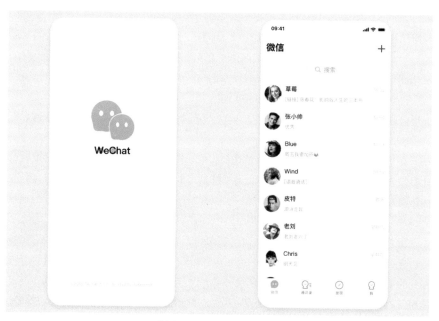

微信 Redesign 初稿（一）

微信 Redesign 初稿（二）

微信 Redesign 初稿（三）

(3) 细化

细化，就是对成形的设计稿进行打磨优化。

我把这份设计发在了网上，有部分网友留言说看着不够好，不太舒服，其中有一个表达得比较具体——虽然用了大面积留白，却让人感到紧迫……

基于网友的留言，我仔细审视了这个设计，最后发现问题主要是页面（发现页为例）左右两侧留白过小，如下图所示。

初稿问题一：左右两侧留白过小

当初之所以这么设计，是想通过页面左右两侧较少的留白制造一种内容将要撑破屏幕的感觉，从而营造一种活泼的氛围。注意，"活泼"在上文"规划"部分的关键词归类图里属于黄色关键词，但它最初属于绿色关键词，关键词归类图省略了中间探索和优化的过程。

很多网友之所以没有感受到活泼，而只是觉得不太舒服，至少有两个原因：第一，整个设计的基调是简约、清爽，有一定的年轻感和流行感，但没有太明显的活泼感，硬往里面某个地方塞活泼感并不和谐，大家也难以感受到；第二，单纯就活泼感而言，做得依然不到位，比如图标与右侧文字的留白，可以比图标与左侧边界的留白大一些，方能更好地彰显活泼与活力。

106

考虑到"轻微老少皆宜"这个主绿关键词以及微信主要是工具型和内容型产品，活泼感用在这里并不十分合适，于是放弃"活泼"，并将其归为黄色关键词。此处的留白就回归其基本作用：整体和谐与舒服。于是把留白相应调大了，详见下图。

初稿问题一的优化：左右两侧留白调大

另外一个优化的点是"眼睛"的形状。微信图标、看一看图标、表情图标、朋友圈里将点赞和评论折叠起来的图标都有一双眼睛，这双眼睛起初是竖着的椭圆形，很萌，也比较低龄化。为了尽可能地"轻微老少皆宜"，这里统一把眼睛由竖着的椭圆形改成了圆形，弱化了萌和低龄化的感觉，如下图所示。

初稿优化二：偏低龄化的椭圆"眼睛"改成偏全龄化的圆"眼睛"

还有一块优化是关于颜色。拍摄视频动态的图标是蓝紫色的，其中紫色基本符合

"年轻"和"流行"，但不太符合"轻微老少皆宜"，所以最后放弃了紫色，保留了蓝色，见下图。

初稿优化三：偏年轻化的蓝紫色改成偏全龄化的蓝色

遵循主绿关键词里的"轻微老少皆宜"，其他优化的点有：调小微信图标尖角处的圆角，删除启动页中与黑色"WeChat"一词形成对比的绿色圆点。另外还有一些美观、和谐、舒适度等视觉层面的微调，这些微调主要体现在颜色、留白、圆角大小、字体大小等方面。

优化后的微信 Redesign，整体效果如下面四张图所示。

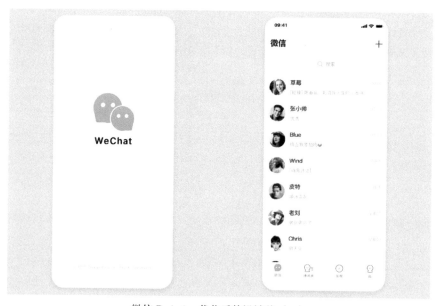

微信 Redesign 优化后的设计稿（一）

微信 Redesign 优化后的设计稿（二）

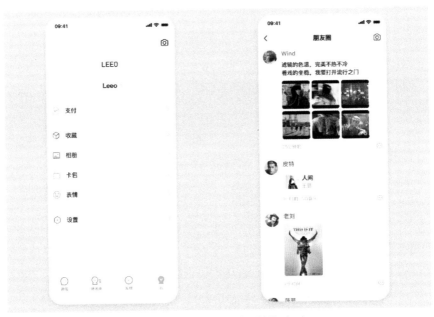

微信 Redesign 优化后的设计稿（三）

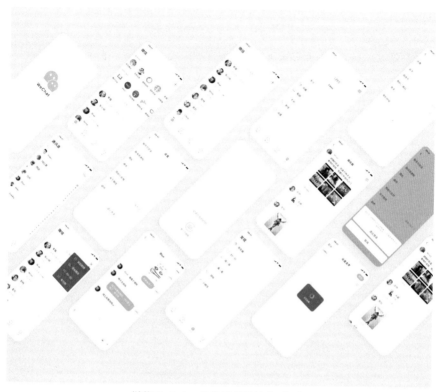

微信 Redesign 优化后的设计稿（四）

凡事预则立，不预则废。UI 设计如何做到理性，最核心的是设计风格。规划、成形和细化都紧密围绕设计风格展开。

3. UI 设计，止步于理性吗

UI 设计，始于理性，但无法止步于理性，还需要超越理性。注意，这里的理性，仅指设计知识的相关理性。

超越理性主要有两点：直觉，其他知识。

(1) 直觉

此处的直觉，是指一种能够快速感受和评估设计优劣的感觉。良好的直觉往往快而准。

感知和评价别人的设计时，用到的标准几乎全部是直觉。审视自己的设计时，也离不开直觉。在审视自己的 UI 设计时，直觉主要发挥两个作用：第一，囿于知识储备或表达能力，有些地方就是解释不清，这个时候就要靠直觉去感受，去判断；第二，直觉往往会作为检视设计的最后一道关卡，也是最重要的一道关卡。

也就是说，某种程度上，UI 设计是七分理性，三分直觉。

直觉来自哪里？

个人的观察是，直觉往往和审美呈正相关。比如一个设计师，他掌握的设计知识有限，经验有限，对自我的要求也不高，最终的作品往往不出彩。但如果他审美好，往往就能分辨出不同设计方案孰优孰劣。如果你想就设计稿征求别人的意见，请尽量去找那些审美好的人，而不是一味地让全员投票。

(2) 其他知识

其他知识是指设计知识以外的所有其他知识。比如 iPhone 上删除应用前应用图标的抖动，其灵感应该来自生活中的摇头求饶或吓得发抖，抖动的幅度和频率则需要利用物理和数学方面的知识来确定。

优秀的设计，一定会从生活中汲取大量灵感，并广泛利用社会类、人文类和理工类学科的知识。就拿数学来说，在好的设计中，数学一定是个常客——你需要不停地按计算器，从而计算不同设计元素之间的比例关系和元素各自的大小。

因为，正如陆游所说：工夫在诗外。

UI 设计推荐书单

《写给大家看的设计书》，[美] Robin Williams，人民邮电出版社，2016 年
《版式设计原理》，[日] 佐佐木刚士，中国青年出版社，2007 年
《色彩设计的原理》，[日] 伊达千代，中信出版社，2011 年
《西文字体 1、2》，[日] 小林章，中信出版社，2014 年 /2015 年
《设计师的自我修养》，左佐，电子工业出版社，2014 年
《治字百方》，左佐，电子工业出版社，2016 年

2.6.4 UI 设计：如何把握需求

和功能架构一样，产品原型也是需求的某种具象表达。而 UI 设计，则用来美化原型、优化体验、打造品牌风格。

优秀的 UI 设计，一定会把需求吃透，并服务好需求。这就涉及把握需求，具体而言有三个问题：要把握什么需求？为什么要把握需求？如何把握需求？

1. UI 设计，要把握什么需求

产品经理需要把握需求，UI 设计师也不例外。两者对需求的把握，在细节上既存在一定共性，也存在明显差异：前者偏重探索和挖掘，目的是准确；后者偏重接收和理解，目的是透彻。

UI 设计需要把握宏观需求和微观需求。

把握宏观需求，是指要了解产品定位、用户定位、市场定位和产品主要功能等。通俗来讲，就是要熟悉业务。比如要能简明扼要地说出以下内容：产品与竞品的主要区别、产品的主要应用场景、用户的主要属性、用户在使用产品过程中的主要心态和遇到的主要问题，等等。

把握微观需求，是指要了解详细需求。这种了解要具体到每一个页面、每一个细节，比如每一个弹窗、每一个页面上的字段详情（不同字段的优先级、字段的限制条件，等等）。

同时做到以上两点，才算是把握住了需求，才算是对需求有了透彻理解。

2. UI 设计，为什么要把握需求

主要有以下三方面原因。

(1) 本职工作

UI 设计是用理性方法来满足需求，并带来美学享受。满足需求本身就是 UI 设计的本职工作，而满足需求需要先把握需求。

(2) 赢得信任、话语权与发挥空间

UI 设计师有时会觉得产品经理不太懂设计，又要过多干涉设计；产品经理有时则会觉得，设计在某种程度上要基于需求来做，设计师对需求不够了解，我对需求很了解，不听我的听谁的？所以，唯有扎根并吃透需求，设计师才能从产品经理那里赢得更多信任和认可，进而赢得更多话语权和设计的发挥空间。

(3) 做出优秀设计的基础

没有对需求的透彻理解和精准把握，就无法很好地满足需求，也就谈不上好的设计、优秀的设计，不管设计本身多么好看、多么华丽。

3. UI 设计，如何把握需求

UI 设计师需要把握需求，而需求主要由产品经理、交互设计师整理和传达。在不同公司，产品经理和交互设计师对需求的这种整理和传达存在不同，所以 UI 设计师如何把握需求也存在不同。但在整体原则上，依然存在共同之处，那就是：先宏观，后微观。下面结合例子来阐述具体方法。

先假设一种最差的情况：公司没有交互设计师，老板大力支持这个项目，并且在催产品经理赶进度，产品经理对需求的整理和传达都不到位，只是匆匆忙忙画了一个细节不够严谨完整并且缺失很多过渡页面的原型，然后在需求宣讲会（不是评审会）上简单讲解了这个原型。开完这个需求宣讲会，作为 UI 设计师的我一脸迷茫，脑海里充满了问号。

之所以假设最差的情况，是因为要是能应对最差的情况，其他情况就都不在话下了。

结合"先宏观，后微观"的原则，在刚才这种最差的情况下把握需求可以简单分成三大步，分别是：先功能，再定位，后细节。

(1) 先功能

先功能，即先了解主要功能。

由于在开需求宣讲会之前，我也没有看过这个产品原型，所以在需求宣讲会结束后，带着满脑子问号的我，又重新打开了这个原型。看原型，或者叫体验原型，主要有两个目的：熟悉产品的主要功能；熟悉每个页面的主要功能。这里简单分享下我自己体验原型的经验，主要分成如下三步。

第一步，看原型的目录。至少要看两遍，这样能对整个原型有个宏观上的把握和了解。

第二步，体验每一个页面。需要带着足够的耐心去体验，直到弄清楚一个页面的所有主要功能为止。比如体验一个注册页面时，不必沉浸在账号格式、密码位数这些细节中，但一定要搞清楚都有哪些注册方式，以及注册和登录之间如何切换。

第三步，体验竞品或非竞品的类似功能。这一步主要是帮助我们更好地理解原型的相应功能。大多数时候，我们是需要这样做的。当我们接触到一个自己不熟悉的产品时，这一步就显得更加必要。

需要说明的是，第三步与第二步是可以交叉进行的。

(2) 再定位

再定位，即了解产品定位、用户定位和市场定位。

了解完产品的主要功能，就可以把工作重心切换到风格设定上。这时先不要急着动手设计，即便产品经理或者老板已经在需求宣讲会上说过他想要一种简洁大气和流行的风格。

产品经理或老板所说的设计风格，往往流于宽泛。好的风格设定，会有一个理性严谨的推导、探索过程。术业有专攻，这个探索过程要由设计师来主导。风格设定除了受老板审美影响外，还受产品定位、用户定位和市场定位的影响。

产品定位、用户定位和市场定位，可以当成一件事来了解。根据个人经验，这件事大致可以分成三步来完成。

第一步，自己主动搜集信息。这些信息包含上文提到的先了解主要功能，以及广泛体验国内外的竞品或类似产品，并观察总结它们的设计风格。

第二步，基于第一步的信息，整理问题。比如这款产品和竞品有什么不同，主要给哪些用户用，这些用户有什么特征，想给用户传递什么，这款产品在整个市场中的定位或者位置是什么样的。

第三步，带着第二步的这些问题去找相关同事聊天、调研。这些相关同事可能来自设计部门或产品部门，也可能来自运营部门或开发部门。一般很少有人会拒绝一个问问题的人，在回答完你的问题后，同事们通常还会额外"赠送"一些他们知道的情况给你。所以总的来说，这一步一般会收获颇丰。

完成这三步，就会对产品定位、用户定位和市场定位都有一个大概的了解。基于这些了解，再加上老板的审美偏好和一点自己的审美偏好，就可以去做 2.6.3 节提到的风格设定了。

(3) 后细节

后细节，即最后了解需求细节。

做完风格设定，才正式进入设计环节。正式设计时，需要详细了解需求细节。

我们同样可以通过宏观、微观两个层面来了解每个页面的需求细节。在宏观层面，需要了解这个页面的定位：主要解决什么问题，承担什么责任。在微观层面，需要了解这个页面的内容细节：信息的分类，信息的优先级排序，信息的展示规范，信息之间的逻辑关系，等等。下面结合豆瓣 FM Redesign 这个案例来说明。

豆瓣 FM Redesign 是我多年前的一个练习作品，基于老版 4.0 系列设计，模拟真实的大版本更新。主要目标是：延续已有的品牌调性；优化视觉和交互体验。主要原则是：基于原有的真实需求；继承老版的版式、图标等主要风格；微调主辅色、图标等 UI 细节。以下三张图是主要页面。

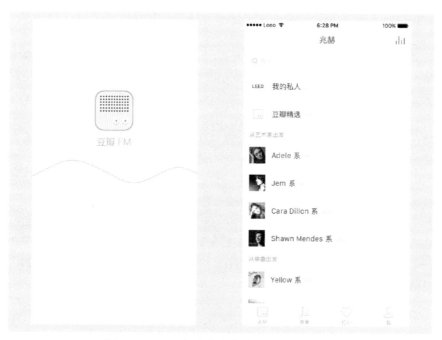

豆瓣 FM Redesign 主要页面（一）：启动页与兆赫页

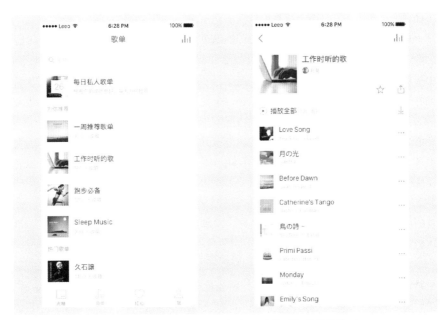

豆瓣 FM Redesign主要页面（二）：歌单页与歌单详情页

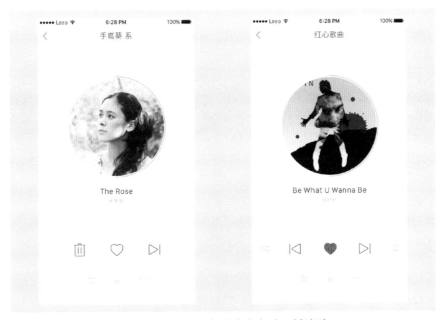

豆瓣 FM Redesign 主要页面（三）：播放页

下面来看下"歌单"这个一级页面。在宏观层面，这个页面相对比较简单，主要向用户推荐他可能感兴趣的以及时下热门的歌单。在微观层面，根据可能感兴趣和热门两个维度，歌单被简单分成了三类（每日私人歌单、为你推荐、热门歌单），其中可能感兴趣这个维度是排在第一位的。下面我们直接进入一个设计细节，"为你推荐"和"热门歌单"这两个分类标题，也就是俗称的模块标题，应该做重（加粗调大）还是做轻（调小调淡）？通常情况下，这类模块标题都是做重，比如大众点评 App 里一个餐馆的详情页，里面的内容被分成若干模块，每个模块的标题都是加粗调大。很多人也会习惯性地认为，模块标题都应该做重。但在这个案例里，我把模块标题做轻了。

我的看法是，模块标题该做重还是做轻，主要和两个因素有关：用户对模块标题的熟悉程度；模块标题自身的重要程度。

用户对模块标题的熟悉程度主要受标题数量和观看标题次数这两个因素的影响。在豆瓣 FM Redesign 这个案例里，模块标题只有两个，很少；这个页面又属于很简洁的一级页面，用户会经常看到它们。所以总的来说，用户会比较熟悉这两个模块标题。

另外，怎么判断一个模块标题的重要程度？有两个方法供大家参考：第一，你越熟悉这个模块标题，对它的依赖就越低，那它的重要程度也就越低；第二，把这个模块标题盖住，再去看这个页面，如果此时对你的影响不大，就说明这个模块标题的重要程度较低。回到豆瓣 FM Redesign 这个案例中来，显然用户对这两个模块标题是比较熟悉的，即便盖住它们，影响也不太大，因为只有两类，很容易区分，所以总的来说重要程度也比较低。

综上，我选择了把这里的模块标题做轻。

类似模块标题该重该轻的设计细节还有很多，具体如何处理，需要对需求细节有较为深刻的理解与把握。

第 3 章　HC X：人与内容的交互体验

主要提供实物的电商产品具备 HC X 属性，主要提供短信息、文章、图片、音频和视频的 UGC（User Generated Content，用户生产内容）产品也具备 HC X 属性。本章乃至本书，则主要聚焦于 UGC 产品，原因会在 3.1 节提及。

在互联网领域，除了 UGC，还有 PGC（Professional Generated Content，专业生产内容）等。本书所探讨的 UGC，其中的"U"是个广义概念，包含三类用户：普通用户、专业用户（PGC 里的"P"）、组织用户。这一点请大家知悉。

这三类用户的概念与区别，我们也简单捋一下。以公众号作者为例：大学生小明不定期写一些随笔，那小明就是普通用户；资深设计师小红定期分享自己的设计经验和总结，那小红就是专业用户；苹果公司偶尔更新一下自己的动态，那苹果公司就是组织用户。

专业用户与组织用户的区别在于，专业用户以发专业内容为主，而组织用户所发内容存在一定变数：可能以专业内容为主，也可能以组织动态或广告等信息为主。有些用户会同时具备专业用户、组织用户这两个身份，比如 KnowYourself、三联生活周刊这样的公众号。

3.1　HC X 中的 UGC 产品

电商产品和 UGC 产品都具备 HC X 属性，本章为什么要聚焦于 UGC 产品？

个人用 UGC 产品比较多，对 UGC 产品比较感兴趣。除此之外，还有四个重要影响因素。

第一，实体商品的出现，最早可以追溯到物物交换的原始社会，而文章、图片和视频大规模进入中国寻常百姓家的历史要短暂得多（电视机在 20 世纪 90 年代才在中国的乡村慢慢普及，可以很好地承载图片和视频的智能手机在 2010 年后才在中国大规模普及），UGC 产品的历史也比电商产品的稍微短一些。第二，UGC 产品的收费方式（目前是免费为主，免费和收费并存）还在演化中，所以某种程度上 UGC 产品比单纯买卖实物商品的电商产品更复杂。第三，UGC 产品本身以知识和信息为载体，我们身处第三次工业革命也即信息革命的浪潮中，知识和信息对我们的意义非同寻常。第四，UGC 产品因为饱含观点、理智、故事、情绪、情感等，所以和我们精神世界的联系更为密切。

总的来说，一定程度上，更新、收费方式更复杂、主要承载知识和信息、与我们精神世界联系更为密切的 UGC 产品，其想象空间，或者说未来可以提升的空间，必然会很大。

3.2 知识型 UGC 与信息型 UGC

UGC 产品有多少类别？

根据内容种类，可以粗略分成五类：视频类、音频类、文章类、图片类和短信息类。根据内容性质，可以简单分成两大类型：知识型、信息型。

本书的探讨将基于内容性质，也就是基于知识型 UGC 和信息型 UGC。

知识型 UGC 和信息型 UGC，具体是什么？各有哪些种类？各有哪些核心特点？相互之间又有什么关系？这便是本节要探讨的四个问题。

1. 两类 UGC 的概念

在明确知识型 UGC 和信息型 UGC 的概念之前，先明确下"知识"和"信息"的概念。

知识，是人类的认识成果，来自社会实践。其初级形式是经验知识，高级形式是系统科学理论。比如设计师积累的关于配色的经验是知识，尼尔森十大交互原则这种理论也是知识。

信息，泛指人类社会传播的一切内容。比如朋友圈里的动态是信息，抖音里的跳舞类短视频是信息，公众号里记录配色经验的文章也是信息。

知识型 UGC，是指由从业者或相关人士提供专业知识，然后供从业者和大众学习交流的 UGC 产品。我们平常用的百度百科和维基百科，其实就是一种没有评论功能的知识型 UGC；供产品经理学习交流的 PMCAFF、供设计师学习交流的站酷网，都属于知识型 UGC。

信息型 UGC，是指由大众提供各类信息，也供大众学习交流，但主要供大众获取信息和娱乐的 UGC 产品。朋友圈、公众号、抖音、快手等，都属于信息型 UGC。

2. 两类 UGC 的种类

根据目的及受众，知识型 UGC 可以大致分成四类，分别是：学校网课、职业培训、日常充电、大众科普。大众科普又可以细分成两类：综合类大众科普、垂直类大众科普。

学校网课，是指将学校教育（大学和中小学）搬到网上或给学校教育提供补充的 UGC 产品，比如学而思网校。职业培训，是指供从业者入门或进阶提升的 UGC 产品，比如用来学习编程的慕课网。日常充电，是指供从业者（知识工作者）日常学习本行业知识的 UGC 产品，比如设计师经常逛的站酷网。大众科普，是指供大众获取多领域或某一领域科普知识的 UGC 产品，比如知乎。供大众获取多领域科普知识的 UGC 产品，就是综合类大众科普，比如刚才提到的知乎；供大众获取某一领域科普知识的 UGC 产品，就是垂直类大众科普，比如只提供心理学科普的壹心理。

从收费与否的角度看，学校网课和职业培训以收费为主，日常充电和大众科普则以免费为主。

举一个生活中的例子。小明是汉语言文学专业的在校大学生，他偶尔会去 Coursera

这个平台（学校网课）学一些国外高校的计算机课程。从大三开始，小明就在慕课网（职业培训）上学习基础的 iOS 开发课程。经过长期的准备，小明在本科毕业后如愿成为了一名 iOS 工程师。平常小明会去掘金、Stack Overflow（日常充电）等平台学习 iOS 开发的相关知识。兴趣广泛的小明也经常去知乎搜索健身、摄影等领域的知识。结婚后的小明开始在知乎搜索育儿和家庭教育方面的知识。实际上，小明一旦对某个领域感兴趣，就会去学习这个领域的相关知识。

从小明的例子不难看出，在这个需要终身学习的时代，知识工作者漫长的职业生涯和人生之旅，都需要日常充电和大众科普类 UGC 产品的陪伴。也就是说，这两类产品，我们会用得非常久，此其一；其二，这两类产品以免费为主，所以覆盖的人群也非常广；其三，我个人也是用这两类产品比较多，对它们更感兴趣。

基于以上三点，本书有关知识型 UGC 的探讨，都将聚焦在日常充电和大众科普上。

说完了知识型 UGC，再来看信息型 UGC。

根据内容性质，信息型 UGC 也可以大致分成四类，分别是：资讯类、交流类、娱乐类、综合类。

顾名思义，资讯类就是以资讯为主的 UGC 产品，比如搜狐新闻。交流类就是以交流和分享为主的 UGC 产品，比如主要用于交流健身话题的 Keep 社区和交流话题比较广泛的小红书笔记。娱乐类就是以娱乐为主的 UGC 产品，比如全民 K 歌。综合类就是囊括资讯、交流、娱乐和知识的综合类 UGC 产品，比如公众号和 B 站。

3. 两类 UGC 的核心特点

我的个人观点是，知识的核心特点，一定程度上即知识型 UGC 的核心特点。知识的主要载体是书和课堂，前者记录知识，后者传播知识。书和课堂的核心特点是什么？理性为主，感性为辅。

"理性"，指的就是知识本身；"感性"，指的是能够调动人基本情绪的内容，比如使人开心、感动的内容。所谓"理性为主，感性为辅"，是指知识型 UGC 的本分就是以探讨和分享知识为主，以幽默搞笑等感性内容为辅。

用户在消费（理解）知识型 UGC 的内容时，是比较费脑的。顺便插句题外话，脑子和刀子一样，越用越"锋利"，而脑子越锋利，消费知识型 UGC 时费脑的感觉就越轻。

信息型 UGC 的核心特点则和知识型 UGC 相反，是以感性和信息为主，理性为辅。具体而言，就是以轻松娱乐的感性内容和各类信息为主，同时知识含量较低。用户在消费信息型 UGC 时是不太费脑的，主要是获得一些信息，同时在情绪和情感上得到一些满足。

4. 两类 UGC 的关系

知识型 UGC 单纯以知识为主，和信息型 UGC 有明显的界线。比如上面提到的 PMCAFF 就是一个知识型 UGC，归为信息型 UGC 就不合适。

信息型 UGC 无所不包，会包含知识型内容。在公众号这个信息型 UGC 产品上，也有很多知识型作者在提供知识型内容，比如地球知识局、KnowYourself 等作者。

3.3 知识型 UGC：被信息流裹挟的知识

如 3.2 节所述，本节主要探讨日常充电和大众科普这两类知识型 UGC 产品。

先简单回顾下 UGC 的历史。

UGC 在全球有 20 年左右的历史，大规模爆发始于 2005 年左右，早期代表性产品有 QQ 空间、Facebook、新浪博客、豆瓣、YouTube 等。知识型 UGC 在全球同样有 20 年左右的历史，大规模爆发始于 2010 年左右，早期代表性产品有 CSDN、Quora、PMCAFF 等。

因为 UGC 是互联网术语，所以 UGC 和知识型 UGC 指的都是互联网产品。知识型

UGC 的前身，或者说实体版的知识型 UGC，与这个概念最为接近的是以知识为主要内容的期刊。期刊在全球的历史，最早可以追溯到 1665 年于荷兰阿姆斯特丹出版的《学者期刊》。

也就是说，实体版的知识型 UGC 在全球已有 300 多年的历史。相比之下，只有 20 年左右历史的知识型 UGC，大概还处于幼儿阶段。这个新生幼儿的发展，目前存在一些问题和不足，也算是正常现象。

那么，知识型 UGC 的发展，具体存在哪些问题和不足？让我们先从"主场"说起。

这里的"主场"，是指具备做某件事所必需的氛围和仪式感的场所、场合。这种氛围会让人很容易投入到或沉浸在一件事当中，这种仪式感会让人愿意在这件事上花费专门的也是更多的时间。

有"主场"，就会有"客场"。这里的"客场"，指的是并不具备做某件事所必需的氛围和仪式感的场所、场合。

比如小学生小红在暑假期间想看《哈利·波特》系列小说，那她可以去书店或图书馆，也可以去菜市场妈妈的摊位上。书店或图书馆之于看小说，就是"主场"，因为那里有看书的氛围和仪式感。菜市场之于看小说，则是"客场"，因为那里熙熙攘攘、人声嘈杂，没有看书的氛围和仪式感。

同理，对知识而言，网络平台的"主场"就是专业的知识型 UGC 社区，因为那里有分享、学习和讨论知识的氛围和仪式感；网络平台的"客场"则是容纳各类信息的信息型 UGC 社区，因为那里分享、学习和讨论知识的氛围比较差，而且没有相应的仪式感。

现在，知识型 UGC 面临的主要问题，或者说主要困境，就和这个"主场""客场"有关。下面我将分四点来阐述这个问题。

1. 差强人意的主场

对日常充电类知识型 UGC 而言，有些行业有专门的主场，比如产品经理和设计师就拥有 PMCAFF、人人都是产品经理、站酷等专门的社区。但这些社区没能很好地满足 2.2.2 节所说的作者的三个根需求——公平、成为品牌、盈利，所以作者在这些社区并没有很强的主人翁感觉。

不妨以 PMCAFF 为例来说明。

先说"盈利"，PMCAFF 几乎没有能够帮助作者盈利的功能或相关举动。再说"成为品牌"，这个根需求被部分满足了，但还远远不够，因为缺失了很重要的一项——让读者很便捷地看到他们所关注作者的更新——作者在自己的关注者面前重复出现的次数多了，日积月累就有利于品牌的形成，目前这项完全没有。最后说最为基本的"公平"，这块也有一些不足（详见下一段）。公平涉及内容的分发，目前 PMCAFF 的内容分发主要有两种方式，一种是"投稿精选"，一种是基于编辑审核的"普通推荐"，如下图所示。

PMCAFF 的两种内容分发方式："投稿精选"与"普通推荐"

先说"投稿精选"，这个相对而言是比较公平的，因为评选标准是文章的质量，但对作者来说，体验不算很好，因为需要作者主动找运营编辑去投稿，其中可能会有一些人际维护成本及人情因素，所以这块只能是较为公平；再说"普通推荐"，据我观察，过审后的大部分文章，不管点赞量、收藏量和评论量如何，总阅读量都在 1000 左右或 1500 左右，也许 1500 左右的阅读量是因编辑增加了一些推荐权重而得——这块就有点过于平均主义了，因为不同文章的质量一般存在差异，但是阅读量却差不多，是不是不够"公平"。

所以，作者对 PMCAFF 的感情是有点复杂的：一方面，他们会感谢 PMCAFF 为自己的文章带来了阅读量，也为自己带来了一定的知名度；另一方面，他们在 PMCAFF 里并没有主人翁的自如感，反而有一种受制于人的感觉，所以当羽翼稍微丰满之时，他们就会飞离这个自己曾经栖息的地方。羽翼能够丰满起来的作者多为比较优秀的作者，优秀作者的流失对知识型 UGC 而言，不是一件好事，因为优秀作者创作的优秀内容，是吸引读者的重要因素之一。

差强人意的主场仅限我所在的互联网行业产品经理和设计师这两个职业，其他职业和行业虽然目前我没有发现，但不排除存在能够完全满足作者三个根需求的知识型 UGC 社区。希望发现此类社区的读者能在本书的豆瓣评论区分享一下，好让我们都去学习下。

2. 生来无主场

对大众科普类知识型 UGC 而言，不是所有领域都像心理学一样，拥有壹心理这样的垂直类大众科普平台，但至少大部分领域可以共有一个知乎这样的综合类大众科普平台。

有很多行业，比如十分热门的教师与律师行业，并不存在一个广为人知且广受认可的日常充电类 UGC。和大众科普类 UGC 不同，面向从业者的日常充电类 UGC，里面知识的专业化程度非常高，所以很难存在一个综合类日常充电 UGC。这就意味着，包括教师、律师在内的很多行业，在日常充电类 UGC 这块，完全没有自己的主场。

在各行各业竞争都很激烈的今天，绝大部分知识工作者有着日常充电、提升自我的需求。在互联网比较发达的今天，很多行业的知识工作者只能通过线下或线上的其他方式进行日常充电，比如去信息型 UGC 社区。但是，去信息型 UGC 社区充电有点像去菜市场看书；在线下的沟通学习中，知识能够触达的人数往往比线上少得多。所以总的来说，相比专门的日常充电类 UGC，这些方式的效率都低了一些。

反过来，如果教师和律师这样的行业都有一个专门的日常充电类 UGC，那么一方面，从业者的日常充电效率自然会得到极大提升，另一方面，全国范围内的从业者也可以更好地相互学习、共同进步。总的来说，一个专门的日常充电类 UGC 对一个行业的发展十分有利，对整个社会的发展也十分有益。

3. 纷纷投奔客场

有一款客场产品，在满足作者的三个根需求（公平、成为品牌、盈利）和读者的三个根需求（兴趣、效率、质量）方面做得很好，那就是公众号。这个因素，再加上"差强人意的主场"和"生来无主场"这两点情况，导致知识型 UGC 的用户（作者和读者）纷纷投奔到公众号，也就是投奔到客场。

这种投奔是渐进式的：一开始不完全投奔，最后完全投奔。具体而言，大部分作者一开始会在各个知识型 UGC 社区和公众号这个信息型 UGC 社区同时发表内容；作者羽翼丰满之后，可能会完全放弃其他知识型 UGC 社区，而只把自己的内容更新在公众号这个信息型 UGC 社区。

这导致的结果是：大部分 UGC 知识的消费场合，包含公众号这个客场；一部分 UGC 知识的消费场合，只包含公众号这个客场。

4. 在客场被裹挟

区分主场和客场的两个重要因素是氛围和仪式感，前者主要指做一件事对应的气氛，后者主要决定我们愿意为这件事花多少时间。下面我们就来探讨一下公众号这个客场的氛围和仪式感。因为公众号是依附于微信的，所以我们需要探讨的，实际上是微信的氛围和仪式感。

先来看微信的氛围。

一款产品通常只有一个核心功能，相应地，通常也只有一个主流氛围。微信作为一款熟人、半熟人间的即时通信工具，其主流氛围是即时联系熟人、半熟人，以及互相分享动态，其他行为通常是非主流氛围。

看公众号文章可以归类为获取资讯、知识或打发时间，所以此类行为是微信的非主流氛围。

2021 年的微信公开课上，张小龙分享的一组数据也能佐证这一点：每天有 10.9 亿用户打开微信，7.8 亿用户进入朋友圈，3.6 亿用户读公众号文章，4 亿用户使用小程序。

也就是说，只有大概三分之一的日活用户会看公众号文章，公众号确实是微信的非主流氛围。

再来看微信的仪式感。

先抛一个问题出来：大家每天是花在公众号上的时间多，还是花在朋友圈上的时间多？个人猜测，前者少于后者，因为我们更关心朋友的动态，看朋友的动态比看公众号更轻松，我个人也是如此。张小龙曾分享过一个数据，说大家平均每天花在朋友圈上的时间是 30 分钟。据此可以猜测，我们每天平均花在公众号上的时间可能都不会超过 30 分钟，不妨假设只有 20 分钟。

20 分钟是一个怎样的概念？大家的平均阅读速度是每分钟 400 字，在此基础上，知识型文章的阅读速度可能会慢于信息型文章的阅读速度，因为前者需要更多的思考。这就意味着，读完 400 字的知识型文章可能需要 1.3~1.5 分钟。根据我个人的经验和观察，要把一个知识点讲得比较透彻，通常至少得有 2000 多字，以 2400 字来算，意味着需要读者花费大概八九分钟的时间。相应地，一篇字数翻倍的同类文章，会耗费 16~18 分钟。大家最终的选择就是，有意无意地控制自己花在公众号上的时间，这主要有三种方式：第一，控制每天所看文章的数量；第二，优先看信息型文章，比如新闻报道，一方面看新闻是刚需，很多读者把公众号当作获取新闻的主要渠道，另一方面，看包含新闻在内的信息型文章比看知识型文章更省脑力、更省时间；第三，尽可能地把自己的时间平均分配给感兴趣的公众号，也就意味着不管对一个公众号多感兴趣，我们一般也不会过频地看其推送，而只会偶尔或有间隔地看上几篇。

我自己的公众号 SnowDesignStudio，主要写产品和设计方面的知识型文章，下面和大家分享两个和此号有关的现象。

第一个现象是，"太长不看"这种情况在公众号这样的客场里表现得很明显：当文章有 2000 多字时，其完整阅读率大概为 60%；当文章有 4000 多字时，其完整阅读率就会下降大概一半。

第二个现象是，一些朋友建议我改变文章的风格。刚开始写这个公众号时，我会找朋友们给些建议，一些建议中会提到以下几点：第一点是标题不够有吸引力，或者说不够"标题党";第二点是文风不够活泼;第三点就是文章有点太长了(平均4000 多字)。

其中第二个现象很有意思,尤其是里面第二点和第三点提到的活泼与简短,确实基本属于公众号这个信息型 UGC 社区的特点。需要注意的是,它们并不是知识型 UGC 的典型特点(理性为主,感性为辅)。

通过第二个现象,我们也能看到信息型 UGC 对知识型内容的裹挟,甚至同化。把知识型内容发表在信息型 UGC 社区,就是在客场打比赛,结果被裹挟、被同化,在一定程度上也能理解。确实有一部分知识型账号还在公众号上坚守"理性为主,感性为辅"的原则,比如 KnowYourself。但正如张小龙所说,"人是环境的反应器",也有一部分知识型账号已经在公众号上偏离了这个原则。这种偏离也是一种"错位",所以自然也会产生一些问题:这些知识型账号对自身的定位,乃至读者对他们的认知和期待,都是知识型账号,但偏离原则后的他们往往会输出大量信息型内容。这种信息型内容会弱化读者对他们的信任与尊重。这种现象如果"蔚然成风"的话,也可能会弱化读者对整个 UGC 知识的信任与尊重。

结语

对 UGC 知识而言,有些有差强人意的主场,有些完全没有主场。目前的情况是,不管有没有主场,大部分 UGC 知识最终会投奔到公众号这个客场,并长期在这里安营扎寨。投奔客场后的 UGC 知识,都会受到信息型 UGC 的裹挟,有一部分知识型账号甚至会被信息型 UGC 同化,最终也变成一个信息型账号。

整体来看,这并不是一个良性循环。所以,我忍不住要问,知识型 UGC 的大路,究竟在何方?

知识型 UGC 的大路,只能是一个强有力的主场。强有力意味着这个主场能够解决作者的三个根需求和读者的三个根需求,从而使他们都不用去投奔客场,也就不会被信息型 UGC 这个客场裹挟。

这六个根需求都很重要。相对而言,作者的三个根需求的优先级要更高一些,因为满足好作者的三个根需求是留住作者和优质内容的关键，优质内容自然会吸引读者来看。

所以接下来的内容会聚焦在作者的三个根需求上，具体而言，是只聚焦在"公平"上，因为"公平"是三个根需求中的基础。作者要想"成为品牌"，一靠自身内容的质量，二靠一个公平的竞争环境。知识型 UGC 社区最应该做的，就是提供一个公平的竞争环境。当作者在一个公平的竞争环境中成长为一个品牌时，不管是在所在的知识型 UGC 社区还是在其他平台，盈利都会变得很有希望。

知识型 UGC 社区对作者的"公平"，主要体现在两方面，分别是：内容评价体系、内容分发体系。

3.4 知识型 UGC：内容评价体系里的质量评价

本节先探讨内容评价体系。

内容评价体系又包含两方面：市场评价、质量评价。所谓市场评价，是指市场对内容的评价指数。所谓质量评价，是指与内容质量相关的评价指数。

图书的市场评价是销量，质量评价是口碑、豆瓣评分、各类图书奖等。相比之下，UGC 知识的市场评价是阅读量、关注量等相关数据，这些数据离盈利非常近；UGC 知识的质量评价，以国内针对互联网行业产品经理、设计师、工程师等职位的日常充电类 UGC 社区为例，很明显，目前还非常欠缺——个别社区会有一些诸如编辑推荐、首页推荐的质量评价——但还远远不够。

质量评价的相关问题，可以分成三个视角来探讨：为何评价，谁来评价，如何评价。

1. 为何评价

在商品经济非常发达的今天，消费任何商品或内容时，我们都会关注它们的质量，这是毋庸置疑的。但我还是想强调一下，于知识而言，质量评价的价值所在。

买衣服的时候，我们不希望半年后这件衣服会出现破洞；买鞋的时候，我们也不希望一年后这双鞋就变成废品；消费知识的时候，我们也会希望这是高质量的、甚至是永久流传的经典知识。

知识是用来指导实践的，所以某种程度上，知识就是实践这趟列车的火车头，是用来把控方向的。如果"火车头"的方向跑偏了，那么知识非但不能对实践产生积极影响，反而可能造成负面影响。知识也会影响我们的思想，相比衣服、鞋子这些物质商品的影响力，知识这种精神商品的影响力通常要深远得多。一定程度上，知识型 UGC 干的传播知识事业和学校干的教书育人事业有类似之处。所以整体而言，包含知识型 UGC 在内的整个知识行业，值得从业者抱有更多敬畏之心。

在知识型 UGC 这个领域，比较理想且能够实现的状态，应该是平台自身通过行之有效的质量评价来筛选出优秀的作者和高质量的知识内容，并将这些高质量的知识内容提供给广大用户，平台自身在整个过程中赢得信任和利润。信任和利润也意味着长期发展的可能。这将是一个三方共赢的局面，会形成良性循环，对整个社会的发展也十分有益。

这里的质量评价，其核心问题有两个：谁来评价，如何评价。

2. 谁来评价

先看下知识型 UGC 的现状，这个质量评价目前主要由网站编辑主导。

以站酷为例，编辑会把里面的设计作品和文章分成四类：0~3 把火。0 把火是无推荐，1 把火是普通推荐，2 把火是编辑推荐，3 把火是首页推荐。一般只有 3 把火和 2 把火才能产生较高的浏览量。

之所以以站酷为例，是因为在我所知的国内几个知识型 UGC 社区（互联网行业）里，站酷的质量评价是做得比较好的。作为一名读者，去逛站酷的时候，首页推荐和编辑推荐的内容，其质量是有一定保障的，而且确实能看到一些比较优秀的设计作品和文章。但是作为一名作者，事情就并非完全如此——在知乎、微博、微信群等地方，我偶尔能看到一些吐槽站酷推荐标准的内容，作者会表达对其的不解和不满，认为其不够公平公正。而那些没有表达在网上的不解和不满可能会更多，因为作为一名站酷的作者，我虽然没在网上公开表达过，但确实多次体会过这种心情。最终结果是，虽然我们确实能在站酷的首页推荐、编辑推荐甚至普通推荐里发现优秀内容，但整体而言，业界并没有给予站酷的"首页推荐"和"编辑推荐"这两个标签高度认可，或者说广泛认可，尤其是业界资深从业者。相应地，读者也不会对这两个标签抱有很高的期待，因为这其中也混杂了一些质量存在争议的内容。

说完了站酷，再来看看生活中那些实实在在得到广泛认可与尊重的质量评价，它们的评价人是谁？主要有两类，分别是专家评委和大众评委，这两类评委最终构成了三种评价。

第一种评价，由专家评委独自评价。以电影领域为例，国际上有奥斯卡金像奖，国内有香港金像奖；以图书（文学类）领域为例，国际上有诺贝尔文学奖，国内有茅盾文学奖。这些奖项都广受认可与尊重。

第二种评价，由大众评委独自评价。还是以电影领域为例，国际上有 IMDb 评分，国内有豆瓣评分；以图书领域为例，国际上有 Goodreads 评分，国内有豆瓣评分。这些评分也都广受认可与尊重。

第三种评价，由专家评委和大众评委共同评价。把这一形式运用得最好的，其实是国内外的唱歌类选秀节目。以国内为例，从 2004 年的《超级女声》到 2020 年的《说唱新世代》，都沿用了这种模式：最初由专家评委进行海选把关，比赛前期由专家评委和大众评委一起评分，到了决赛阶段则主要由大众评委评分。虽然专家评委和大众评委都参与了评分，但公众常把这种选秀称为平民选秀，因为大众评委在比赛的中后期发挥了更为关键的作用。从结果来看，通过选秀出道的大部分歌手确实唱功不俗，他们当中的一部分也确实发展得很好；放眼国内整个演艺界，选秀比赛确实为整个歌坛乃至整个演艺界输送了大量人才。

不难发现，第二种评价的"主办方"都是网站。知识型 UGC 的质量评价由谁来实施？很明显，最值得也是最容易参考的是第二种评价：知识型 UGC 社区只要像豆瓣一样，把广大用户发展成大众评委即可。

第一种评价一般是一年一度，专家评委一般由业内广受尊重与认可的资深从业者以兼职形式担任，评委身份一般都对外公开，即便仅仅出于维护自身声誉以及奖项权威性的需要，评委们也会尽最大可能做到客观公正，评委会一般也是由多人组成。对知识型 UGC 社区而言，这种形式的经济成本或许过高，复制或借鉴起来可能不太容易，而且它无法成为一种随时都可以评价的常态。

第三种评价一定程度上也值得知识型 UGC 参考。尤其是当知识型 UGC 社区想要为作者设置一定门槛（类似选秀的海选）时，网站编辑就可以当一下专家评委。过了海选的门槛，日常的评价工作则由大众评委独自完成，或者由大众评委和网站编辑共同完成（仍由大众评委主导）。

3. 如何评价

如何评价知识型 UGC？主要有两点，第一是评价形式，第二是评价对象。

(1) 评价形式

质量评价的目的，是让用户马上感知到 UGC 知识的质量。要想做到这一点，评价形式至少需要同时具备两个特点：简单明了、公信力高。

所谓简单明了，是指评价形式需要尽可能简单直接、一目了然。其标志是当把不同的质量评价放在一起时，它们能够高下立判。

所谓公信力高，是指评价广受认可与拥护。广受认可的标志是该评价经常被提及，广受拥护的标志是用户会主动维护该评价的公信力。

同时做到简单明了、公信力高的网络评价，有豆瓣评分、IMDb 评分等。

说起网络评价，大家并不陌生，评价正在成为互联网的"基础设施"，很多职业培训类 UGC 也有评价。但很多评价的最大不足就在于公信力不高，这也包括很多职业培训类 UGC 的评价。以慕课网为例，大部分课程的评分在 9.5（满分 10）以上，这与京东上大部分商品的好评度在 95% 以上有点类似。这就好比在学校、职场的考试或考核中，大部分人的成绩是 95（满分 100）以上——这与现实相差太远，难以令人信服。所以不可避免地，很多网络评价的公信力不高。

很多平台可能会说，我们的评价都很客观公正。确实比较客观公正，因为这些评价都来自用户，大多数为真实的评价。但是，从结果来看，这个"客观公正"并不等同于"公信力高"，这就是令人遗憾的地方了。所以建议知识型 UGC 将"公信力高"代替"客观公正"作为质量评价的目标。

如何实现简单明了和公信力高？

上文提到的评分（豆瓣评分等）与评奖（奥斯卡金像奖等），乃至学校里经常会用到的成绩评级（A、B、C、D），都是既简单明了，又公信力高。

最容易直接拿来做参考的，实际上也是现在通用的，就是豆瓣评分这样的网络评价。网络评价一般是评星加文字评价，简单明了和公信力高的关键都在于评星，因为评星一般会被转化成评分。某种程度上，被转化成具体分数的评星和可以自由发挥的文字评价是完美的"总分"结构：这个结构的核心是评价维度，若只评星一次，则意味着平台给出一个总的评价维度，可自由发挥的文字评价意味着用户可以自定义出很多具体的评价维度，总的评价维度永远包含所有具体的评价维度。

有些评星，比如慕课网的评星，是分为多次的，每次都肯定要被细分出一个评价维度来，这就相当于把评星这个"总"拆为若干个"分"，此时的评星就会和代表"分"的文字评价存在某种重复，完美的"总分"结构也变成了散状的"分分"结构。相比豆瓣评分，用户除了明显感到评价的任务量变大之外，可能也会感到一丝无所适从。

所以建议将评星简化为一次，从而回归完美的"总分"结构。如何为单次评星设定那个代表"总"的评价维度？这个确实值得仔细斟酌，个人建议将质量评价本身作为侧重点，具体可以参考豆瓣评分、IMDb 评分的做法。

(2) 评价对象

对知识型 UGC 而言，这个被评价对象至少可以有两种选择。第一是单个内容，比如单篇文章；第二是（系统化）汇总内容，比如知乎专栏或者作者专栏（如 PMCAFF 的作者，本身就类似一个专栏）。

如果被评价对象是单篇文章，那么会存在至少两个问题。第一，因为知识型 UGC 社区里的文章非常多，所以大众评委的工作量会非常大，这可能会使他们无所适从。第二，上文提到的生活中的被评价对象——电影和图书——都是包含很多信息的系统化作品，且都耗费了作者大量的时间和精力，相比之下，单篇文章就显得异常单薄。与电影或图书有一定可比性的是专栏之类的（系统化）汇总内容，它也不会使得大众评委的工作量太大。

总得来说，被评价对象更适合是（系统化）汇总内容。

3.5　知识型 UGC：内容分发体系的重建

不管是内容评价体系还是内容分发体系，它们的最终目的都是更好地满足作者的三个根需求（公平、成为品牌、盈利）和读者的三个根需求（兴趣、效率、质量）。3.4 节的焦点是作者的根需求"公平"，本节本想延续这一做法，但是经过仔细分析后发现，内容分发体系不仅直接事关作者的"公平""成为品牌"（间接还会关系到"盈利"）这两个根需求，还事关读者的三个根需求"兴趣""效率"和"质量"，具体情况下文会分析。这一点也从侧面说明了内容分发体系的重要性。

同样，先了解下知识型 UGC 的现状，以站酷、PMCAFF、人人都是产品经理这几个社区为例，目前主要的内容分发形式有两种，分别是基于编辑推荐和基于发布时间。

先来看基于编辑推荐。

站酷的内容分发就是以此为主。编辑推荐这种内容分发形式，其优点在 3.4 节已经提过，本节就着重分析其不足之处。首先站在作者根需求的角度看，如 3.4 节所述，编辑推荐这种形式在"公平"上还存在一定的提升空间，在帮助作者"成为品牌"上也存在提升空间，因为大部分时候读者首先会把关注重点放在内容本身而非作者身上。再站在读者根需求的角度看，编辑推荐在保障"质量"上效果尚可，但在满足"兴趣"上仍然存在较大的提升空间，因为一般情况下，读者最感兴趣的一般是 TA 所关注的且喜欢的一些作者。既然在满足"兴趣"上存在较大的提升空间，也就意味着在提升"效率"方面存在提升空间。

再来看基于发布时间。

人人都是产品经理主要以这种形式分发内容。具体而言，就是作者的文章只要通过了编辑审核，就会出现在时间线上供读者浏览。总的来说，在满足作者的根需求和读者的根需求方面，这种方式的效果要次于基于编辑推荐的效果。因为这种分发方式缺失了质量评价，无法很好地满足读者对"质量"的诉求，也无法很好地满足作者对"公平"的诉求。

通过现状里的例子分析不难发现，要想真正满足作者和读者的根需求，不仅需要一个良好的内容评价体系，还需要一个良好的内容分发体系。

什么样的内容分发体系，可以更好地满足作者和读者的根需求？结合现状，也结合公众号等信息型 UGC 的做法，我总结了两方面的宏观建议，分别是：非信息流、信息流。

1. 非信息流：基于质量评价，传播经典

目前的 UGC 社区，不管是知识型还是信息型，大部分更像是一个黑洞：作者源源不断地向这个黑洞输送内容，新的内容很快被更新的内容覆盖——前后可能只有一两天的时间——内容被覆盖犹如被（黑洞）吞噬。那些极为优质的内容，其"保鲜期"可能稍长些，比如一周、半个月、一个月。过了这一个月后，这些优质内容中的绝大部分也会被这个黑洞吞噬掉，从此主要和时间里的灰尘为伴。

如果我们把目光转移到书店，会发现，那些经典的图书依然摆在书架上，甚至摆在门口的畅销书区域。

图书在传播知识，知识型 UGC 也在传播知识。经典的图书可以一直流传下去，优秀的 UGC 知识却只能被冷落在 UGC 社区的角落里。

这无疑是一种浪费。因为并非所有优秀的 UGC 知识都会最终转化成图书，从而流传下去。

如果能将这些优秀的 UGC 知识合理利用起来，将至少对三方有利。首先，更多读者可以看到这些优秀的知识；其次，这些优秀的知识会提升这个 UGC 平台的声誉和声望，从而有利于其发展；第三，更多读者看到自己创作的优秀知识，对作者是有利的，同时会激励更多的作者来创作优秀知识。

如何做到这些？个人的建议是，用一种非信息流的方式。

所谓信息流，或者叫 Feed 流、Timeline，指的是传统意义上严格按时间或基本按时间把内容聚合成一股便于上下滑动、便于刷的信息流。

所谓非信息流，指的是脱离时间这个维度，用其他维度把内容重新聚合并展示出来的一种形式。这些其他维度应用到知识型 UGC 社区，最重要的就是质量评价。同时，这个质量评价也可以搭配标签、关键词等其他维度一起使用。比如在豆瓣读书的分类浏览里点击"小说"这个标签，再在结果页里点击"按评价排序"，最终结果就是一个基于"标签 + 质量评价"的非信息流（见下图）。如果我们常用的搜索结果页也有一个"按评价排序"，那这将是一个基于"搜索 + 质量评价"的非信息流。也就是说，具体而言，非信息流既可以是单纯基于"质量评价"的各类排行榜，也可以是基于"其他维度 + 质量评价"的其他内容展示形式。

豆瓣读书基于"标签+质量评价"的非信息流

刚才提到的黑洞，实际上就是信息流本身，因为于大部分 UGC 社区而言，其内容都主要由信息流呈现。

于知识型 UGC 而言，只有非信息流才能对抗信息流这个黑洞。因为非信息流是一个精美的橱窗，里面陈列着优秀的知识，而且这些优秀的知识可以长久地，甚至永久地陈列在这个橱窗里。

2. 信息流：基于关注，传播新鲜

当然，信息流也有它的价值，就是可以让用户在第一时间看到最新鲜的知识。个人对于分发信息流的建议，就是只基于关注，不基于其他。

这个建议主要源自两个考量。第一，非信息流部分实际上是平台基于质量评价在向

用户推荐内容，到了信息流部分，平台不再向用户推荐内容，这样就能避免重复，从而形成很好的互补；第二，基于关注来分发内容，首先有利于满足作者的根需求"公平"和"成为品牌"，其次有利于满足读者的根需求"兴趣""效率"和"质量"。

另外，一款知识型 UGC，如果想做得非常优秀，可以参考周刊月刊的做法：在固定时间内，限制内容的总量。这样一来，就可以把一个如黑洞般无穷无尽的信息流，打造成一个在内容上少而精的"期刊"。

最后，对知识型 UGC 而言，还会有一些很具体的问题，比如基于质量评价的非信息流和基于关注的信息流，二者大概各占多少比重？

关于这些问题，个人的看法是，二者是一种互补关系，各有不同的价值，所以最好能达到一种接近"势均力敌"的平衡，从而"物尽其用"。

结语

在这样一个信息爆炸的时代，遍地都是信息流。信息流就像一个黑洞，既吞噬内容，也吞噬用户的时间，因为它极易让人上瘾。层出不穷的信息流也容易使用户喜新厌旧，刷不完的信息流则容易使用户浮躁和焦虑。

对知识型 UGC 而言，不管是出于缓解用户浮躁和焦虑的需要，还是出于传承优秀知识的需要，或是单纯为了更好地满足作者的根需求和读者的根需求，出现一个逆信息流的、只用来展示优秀知识的永久橱窗，都显得极为迫切。

3.6 信息型 UGC："真实世界"与"理想世界"

据个人观察，目前市面上广受欢迎且受人尊重的信息型 UGC 产品，大致可以分成两类。它们分别是"真实世界"和"理想世界"。

"真实世界"和"理想世界"，分别是什么？各有什么特点？

1. "真实世界"和"理想世界"

所谓"真实世界"，是指具备真实世界特征的信息型 UGC 产品。

这里的真实世界，是指网络空间以外的，我们脚下这片真实的世界，比如家庭、村庄、城市、大自然等。真实世界的主要特征之一，是多元。因为只有足够多元，才能让形形色色的人找到各自的归宿，从而各得其所、各自安好。只有足够多元，有足够多的声音，才能让真善美成为这个善恶交织的社会里的主流声音，从而符合人心所向。

反观目前的信息型 UGC 产品，因足够多元而成为"真实世界"的产品很少，公众号是一个。在公众号里，一方面，不同的读者都能看到自己感兴趣的内容，而且互不打扰、各自安好；另一方面，在真实世界中，赢得主流影响力的内容一般是那些符合真善美的影视剧、电视节目、报纸杂志等媒介，在公众号里也基本如此。

所谓"理想世界"，是指具备理想世界特征的信息型 UGC 产品。

这里的理想世界，就是指我们理想中的一方乐土，比如桃花源。理想世界的主要特征之一，是美好。这种美好，能抚慰人心，也能鼓舞人心。

反观目前的信息型 UGC 产品，称得上"理想世界"的产品也不多，B 站是其中一个。B 站的美好主要体现在社区氛围，更具体一点，是弹幕里的欢乐与友好。

2. "真实世界"的多元

"真实世界"的多元至少体现在两方面：预期多元、需求多元。

(1) 预期多元：生产型用户视角

这里的预期，是指生产型用户的预期。而生产型用户的预期主要是平台提供给 TA 的，也就是说，是平台在幕后做预期管理。所以说，生产型用户的预期，也和平台的预期管理息息相关。

有段时间，在刷时下热门的短视频应用时，发现很多视频下面有一个"我要上热门"的标签。甚至我自己在这些平台发用户体验相关的短视频时，也会产生要上热门的心态。根据我的观察和推断，那些投入大量时间和精力创作短视频并希望借此盈利的视频博主，多数抱有上热门、上精选的期望。因为一来平台确实提供了大量这样的机会，二来如果仅仅依靠关注和自然增长（算法不推荐，或不大量推荐），播放量很难提升上去，或者提升得很慢。但是，大量视频博主一来没有严格顾及自己的受众究竟是谁，二来整体上也没有特别注重视频的质量，在这种前提下，大家一股脑都想上热门、上精选，这与真实世界的情况相去甚远。所以，这种单一的预期让人觉得很不真实。

在真实世界中，不同的生产型用户，对于内容在市场上的表现，会有不同的贴合自己实际的预期。比如，以前大家听到公众号创业，很多会联想到 10 万 +，仿佛写不出 10 万 + 的热文，自己的公众号就没有希望了。实际上，10 万 + 仅仅是那些面向大众的公众号才会实现甚至成为常态的梦，比如电影类的公众号。至于我所写的互联网产品和设计领域的公众号，正常情况下，别说 10 万 +，连 1 万 + 这样的梦都很少有人做，大家正常的预期是一千多、两千多等。在实物电商领域，情况也十分类似。比如一家拥有百人团队和自己工厂的互联网服装品牌，对自家天猫店一年的销售额预期一般会上亿；而一家夫妻档的主要靠工厂代工的互联网服装品牌，作为独立设计师品牌，虽然产品也是质优价廉，但是因为资源投入有限，对自家淘宝店一年的销售额预期一般最多只有几百万。

(2) 需求多元：消费型用户视角

这里的需求，是指消费型用户的需求，这种需求是多元的。

罗兰·米勒的《亲密关系》一书提到过，男人和女人之间的共性远多于差异性。我个人也倾向于认为，一定程度上，人类之间的共性远大于差异性。比如说，在我们连续刷了 3 小时抖音后，虽然在整个过程中体会到了快乐和爽，但很可能会觉得空虚，觉得时间被偷走了。但是，当我们把 3 小时用来看两集《请回答 1988》时，笑过几次后并不会感到空虚，反而有一种满足感。

同样都是娱乐，效果却截然不同。

之所以会出现这种情况，个人认为，是当我们付出较多时间成本时，我们会期待有所收获。这种收获反映了我们内心的需求，而这种需求是多元的。通俗来讲，这种需求至少包含三方面，分别是：娱乐、情感、理性。也就是说，当我们通过刷短视频或看影视剧进行娱乐时，表面上我们仅仅是在娱乐，其实我们内心的情感以及大脑里的理性也嗷嗷待哺——它们也渴望得到滋养。

当我们刷抖音时，打发时间和找乐子这种娱乐需求很容易得到满足，而且是得到极大程度的满足。同时，那些能够在情感层面打动我们的内容，以及能够给我们启发、闪耀着理性光辉的内容，则非常稀有。以至于我们刷了 3 小时抖音以后，可能什么都没记住，从而感到空虚。看《请回答 1988》则不然，我们除了会被剧情逗笑，还会被剧中的友情、亲情和邻里情深深打动，从而心向往之。这种心向往之会促使我们去观察、去思考剧中人物是怎么相处，怎么聊天，以及怎么获得这种可贵的友情、亲情和邻里情的，这些便是理性部分的收获之一。

3. "理想世界" 的美好

"理想世界" 的美好主要体现在两方面：内容美好、氛围美好。

(1) 内容美好

我们经常会听到类似这样的话：宫崎骏出品，必属精品。个别创作者，成为了作品品质优良的保障。但是，当这个创作者变成普罗大众，这些作品变成信息型 UGC 时，品质就很难得到保障了。根据二八原则，也许只有百分之二十的作者才能创作出优秀的、美好的内容。另外，信息型 UGC 可能不会像知识型 UGC 那样，人为对内容进行质量评价，之后再按质量评价对内容进行分发。

所以对信息型 UGC 产品而言，内容美好是一件很奢侈的事。尽管如此，还是有个别产品基本做到了这一点，比如 Instagram——Instagram 上的大部分图片很精美。

(2) 氛围美好

在信息型 UGC 社区里，氛围美好同样奢侈。

在现实生活中，聚会时的氛围或快乐或温馨，常常都是美好的。但聚会并不是生活的常态，美好的氛围在日常生活中也只占一个较小的比例。回到网络世界的信息型UGC社区里，情况也大致如此，比如浏览微博的热搜内容时，有时也能看到一些氛围良好的评论区，但整体而言，各种声音都是存在的。

所以当我们去逛微博等信息型UGC社区时，通常也不会对它们的社区氛围抱有过高期待。但也有一些例外，比如B站的氛围，我们就抱有期待——因为B站的社区氛围整体上是比较欢乐友好的，尤其是弹幕。

3.7 信息型UGC：还原"真实世界"

"真实世界"的主要特征之一是多元。只要真正做到了多元，就可以在信息型UGC这个网络空间还原出一个"真实世界"。

如何真正做到多元？结合公众号的做法，个人总结出了三点建议，分别是：白纸作画，去中心化，美好算法。

在知识型UGC部分（3.4节和3.5节），我们分别探讨了内容评价里的质量评价和内容分发。在信息型UGC部分，我们将重点探讨内容分发，不再单独探讨内容评价，原因如下。

第一，信息型UGC重在多元，且不同用户的质量标准存在较大差异，所以质量评价的权重在信息型UGC这里要低些，信息型UGC通常不会像知识型UGC那样有评分之类的专门而明确的质量评价。第二，在信息型UGC的内容分发问题上，用户实际上有一个比较隐性的共识，就是平台和用户分发的都是比较好的内容，比如一些热门内容就会让很多用户认为是比较好的内容，所以内容分发通常也隐含了一定的质量评价和市场评价，也即隐含了内容评价。

1. 白纸作画

举个例子，美术课上，老师 A 给每位学生都发了一幅相同的线条画，让学生给拿到的线条画涂上颜色；老师 B 则给每位学生都发了一张白纸，让学生自由作画。哪位老师的做法更能让学生表达真实的自我？肯定是后者。在老师 B 的美术课上，说不定能发现一些让人惊艳的作品，或者至少，能看到一群真实而多元的学生。

对信息型 UGC 平台来说，也是类似的道理：给创作者提供一张可供自由发挥的"白纸"，就能得到一堆更加真实和多元的内容，这就是"白纸作画"。

这张"白纸"可以有很多种具体的表现形式，其中最基础的有两种，分别是：内容编辑器、内容调性。

白纸内容编辑器的核心价值，在于能够为创作者提供更多的选择，以帮助他们更自由、更方便地表达真实的自我。

通常情况下，较为复杂、更能表达个性的内容，比如文章和视频，更需要白纸内容编辑器。以文章为例，公众号的编辑器就做得很好——比如排版这块，创作者在字号、字体颜色、行间距、两端缩进等众多问题上，拥有比较多的选择和自由，进而可以很好地根据个人喜好来排版，如下图所示。这样就使得不同创作者的文章排版，和他们的文章本身，在气质上更为统一——创作者们在排版上也都有机会"做自己"。还使得读者在前台浏览公众号文章时，也能够看到各式各样的排版。这些排版，就像大家身上穿的各式各样的衣服一样，非常地多元，也非常地真实。

公众号上支持丰富排版样式的"白纸"内容编辑器

白纸内容调性，通常来说，意味着空与白的内容调性。只有空与白的内容调性，才能包容更加多元的内容；也只有空与白的内容调性，才能对创作者的创作产生尽可能少的干扰与影响，从而有利于创作者表达更真实的自我。

UGC产品的内容调性，主要受早期主流内容的影响，又往往和UI调性保持和谐统一。而产品的早期主流内容，又主要受内容调性定位（如果有的话）、早期用户、UI调性、内容评发体系（内容评价与内容分发体系）、运营（如果有的话）等方面的影响。

更需要白纸内容调性的内容，依然是文章和视频这些较为复杂，且更能表达个性的内容。以早期的抖音短视频为例，它的内容调性和UI调性是一致的，都是"娱乐"和"潮"。如今抖音的主流内容已不再局限于俊男靓女们欢乐的歌舞，而是趋于多元。抖音也在寻求和推动着这种内容上的多元，毕竟它的用户数已经突破6亿。但不可忽视的一点是，用户已经对抖音的内容调性产生了固有认知，或者说是刻板印象，那就是：娱乐为主，容易上瘾。这种固有认知，这种产品特色，当初为抖音赢得市场提供了助力，如今却成了抖音走向多元化的阻力。试想一下，如果抖音一开始不是以娱乐和潮的内容调性问世，而是以空与白的内容调性问世，那么到了中后期用户数激增以后，可能就不会碰到多元化这道难题，因为自始至终，内容调性都是多元的。

2. 去中心化

关于去中心化，有很多不同的解释。这里的去中心化，是指把"内容分发"这件大事的权利，尽可能全部交到用户手上，平台不干预或者少干预——既不主导内容的分发，也不搞各类排行榜。这样做的根本目的，是更好地满足生产型用户的三个根需求（公平、成为品牌、盈利）和消费型用户的三个根需求（兴趣、效率、质量）。

去中心化一定比中心化好吗？并非如此。3.4节提到的奥斯卡金像奖、茅盾文学奖等电影和图书领域的奖项，一定程度上就是中心化的例子——将"质量评价"的权利集中到评委会——这些奖项依然广受认可与尊重。所以整体来看，去中心化也好，中心化也罢，都只是一种方式，它们的最终目的都是更好地满足用户的根需求。就像水田适合种水稻，旱田适合种小麦一样，信息型UGC这片土地，恰巧更适合"种植"去中心化，如是而已。

"白纸作画"能够确保信息型UGC社区得到大量更加真实多元的内容，"去中心化"则可以确保这些内容在一个相对公平的环境中自由地、结实地"生长"，而不是被

"揠苗助长"或被不公地夺走"阳光、水分"等生长资料。最终这些真实多元的内容会凭借各自的天赋、努力程度和机遇成长为各种各样的动物和各种各样的植物,而这个信息型 UGC 社区则会成长为一片生生不息的森林。

在操作层面,去中心化可以从"内容分发"入手。也就是说,用户看到什么内容,尽可能让用户自己决定。比如,"内容分发"可以参考这个原则:自己发现为主,平台推荐为辅。

"自己发现"代表去中心化,"平台推荐"代表中心化。作为去中心化的一种补充,中心化最大的意义在于,它在引领真善美成为"真实世界"主流声音上更具优势(下面"美好算法"部分有详述),同时它也能在满足用户的根需求上助一臂之力(比如帮助作者"成为品牌")。

"自己发现"可以包括关注、观看记录、搜索等。

其中的"关注"值得我们重点关注,因为现阶段的"关注",已经有点"不堪重负"了。以公众号、快手等信息型 UGC 产品为例,用户往往会在不知不觉中关注大量作者,我自己就关注了近 300 个公众号,而用户每天花在这些产品上的时间是有限的,这就不可避免地产生了两个问题。问题一,于作者而言,"关注"的含金量在降低,以去中心化做得最好的公众号为例,据网络数据显示,其推送内容的平均打开率(阅读数/关注数)不足 2%,打开率超过 10% 都算是不错的了;问题二,于读者而言,"关注"一栏里每天浩浩荡荡的信息流多少有点让我们不堪重负,因为我们的时间只够看其中极小一部分内容。用户为什么会不知不觉地关注过多的作者?个人观点是,有很多原因,其中之一是用户想下次很便捷地找到这位作者,以便继续观看上次的内容或观看这位作者的其他内容。这个需求完全可以有替代的解决方案,比如说"观看记录"——如果有"观看记录",用户就可以在里面找到之前看过的内容及其背后的作者,同时在是否关注这位作者的选择上也可以更加慎重,刚才的两个问题也可以得到缓解。

"平台推荐"可以包括推荐新人、算法推荐等。

推荐新人,是指结合标签、频道等,将新人作者的第一个或前几个作品推送给相关用户。推荐新人最大的意义在于帮助新人作者解决冷启动问题。这块有两点值得注意。

第一，推送范围要适中，过大或过小都不妥，过大可能会拉高作者以后的预期，过小可能会打击作者的积极性。第二，尽可能做到公平：打个比方，将所有的新人作品都推送给 5000 位用户，这是一种公平；有的新人作品被推送给 500 位用户，有的被推送给 5000 位用户，有的被推送给 50 000 位用户，但背后有一个令人信服的标准，这同样是一种公平。

算法推荐可以参考下面的美好算法。

3. 美好算法

目前的算法推荐，基本上是一种个性化推荐，比如短视频平台里的"推荐"频道。

美好算法，是指在个性化推荐的基础之上，能够推荐美好内容的算法。具体而言，美好算法是一种算法和人工相结合的推荐机制，可以通俗地理解成个性化推荐和优秀编辑推荐的结合。因为至少就现阶段来看，需要由人来告诉算法"美好"的定义是什么，之后算法才能根据这个定义去识别哪些是美好内容，最后还需要由人对算法的识别结果进行最终检验——整个过程都离不开人的参与，而且源头的定义和最终的检验，可能永远都要由人来主导。

大家可能会有疑问，就是"理想世界"的主要特征之一是美好，"真实世界"的主要特征之一是多元，那是不是只有"理想世界"才需要美好算法？是这样的，首先，美好算法于"理想世界"里的美好内容而言，肯定是大有裨益的。其次，在现实中，我们都向往美好生活，在信息型 UGC 产品中，不一定说我们都向往美好内容，但美好内容于我们而言，肯定是有吸引力的，所以信息型 UGC 也可以采用美好算法。

同时我们也应该认识到信息型 UGC 在内容层面存在的一些不足。这些不足要从"上热门"说起：在信息型 UGC 里，作品上热门、更多关注量、更多观看量成了很多作者的一致追求。两个人在大街上骂架，把这种事情传到网上后也有可能上热门。也就是说，那些上了热门的内容，其质量可能鱼龙混杂。部分作者为了上热门，甚至会无所不用其极，比如有段时间，生吃病猪肉和夹隔壁桌菜这种低俗、粗鲁的内容也成了网上竞相仿效的热门。

如果信息型 UGC 平台采用了美好算法，就意味着只有美好内容才会得到平台的算法推荐，才有可能通过算法推荐成为热门。到那个时候，争相制作美好内容，或将成为很多作者的一致追求。

3.8 信息型 UGC：创造 "理想世界"

"理想世界"的主要特征之一是美好。要么内容美好，要么氛围美好，二者能实现其一，便称得上是 "理想世界"。

那么，如何实现内容美好或氛围美好？

先抛开氛围美好不谈，在内容美好方面，关键点在于内容评价和内容分发。而如 3.7 节所述，信息型 UGC 的内容分发通常隐含了内容评价，所以内容美好的关键在于内容分发。

内容分发有两个大的原则：去中心化、中心化。有一千个读者，就会有一千个哈姆雷特，用户的审美存在差异，但像孔笙、严敏、吉卜力等个人或工作室出品的作品多为优秀作品，这一点争议很小。也就是说，中心化在把控品质、确保内容美好方面，往往更具优势。所以，在打造美好内容方面，坚持 "以中心化为主" 可能会更好。

所有产品都会经历初期的起步阶段、早期的成长阶段和中后期的发展阶段，它们对应的用户分别是高度垂直的种子用户、比较垂直的早期用户和不再垂直的大众用户。针对这三个阶段、三类用户，就如何创造 "理想世界"，个人总结出了三点建议，分别是：起一个调，成一个园，守一个魂。

1. 起一个调

在 UGC 社区，无尽的内容生产者和无尽的内容消费者，你方 "唱" 罢我登场。手机里的一个个 UGC 社区，犹如一首首声声不息的歌。

人是环境的反应器，在 UGC 社区，内容生产者"唱"（创作）什么，内容消费者"唱"（评论）什么，都会受到周围环境的深刻影响。

所谓起一个调，是指在产品的起步阶段，先由 UGC 平台自身为这首声声不息的歌起一个美好的调子。这个美好的调子能够确保大部分内容生产者"唱"出美好内容，或确保大部分内容消费者"唱"出美好氛围，从而创造出一个"理想世界"。

(1)"唱"出美好内容

让起步阶段的大部分用户"唱"出美好内容，确实存在一定难度。破解这道难题的关键在于"内容调性"。

在产品的起步阶段，种子用户的数量一般不会太多，相应地，内容生产者的数量也不会很多，通过算法来筛选和推荐内容就不现实。这时候，往往只能依靠打造美好的内容调性，引导内容生产者"唱"出美好内容。

在打造美好的"内容调性"方面，最核心的是"内容调性定位"，其他诸如"种子用户""UI 调性""运营"等内容皆围绕这个核心展开。

以内容美好的 Instagram 为例。起步阶段的 Instagram，其内容调性定位可以大致理解成"精美照片"。围绕这一定位，Instagram 至少进行了以下四方面的努力。第一，鼓励并帮助用户上传比较精美的摄影作品，比如提供具有一定艺术感的滤镜，不压缩图片质量，等等；第二，鼓励原创，不支持转发；第三，UI 设计（诸如早期应用图标）比较精致，交互设计非常简洁，功能方面只专注在图片分享；第四，提供开放的社交网络，这既意味着用户上传的照片有机会被朋友和陌生人看到，也意味着精美照片之间存在充分的竞争。

Instagram 的经验非常值得借鉴，尤其对图片类 UGC 产品而言。但如果是文章、视频等更为复杂的 UGC 产品，则需要在内容美好的定义和识别上下更多功夫——毕竟给照片加个滤镜就有可能使其变得美好，但是文章和视频的美好则不仅和视觉层面是否好看有关，还和内容及其背后的价值观是否为大众认可、包含的观点是否比较科学理性有关——这也对创始团队的人文素养提出了更高要求。

(2) "唱"出美好氛围

让起步阶段的大部分用户唱出美好氛围，则要容易许多。

B 站欢乐友好的弹幕氛围常常为人所称道，称得上是美好氛围。具体而言，B 站是通过答题转正方可发弹幕、发评论这种方式，对其用户进行了筛选。在我看来，这种筛选至少有三个意义。第一，关于动漫、天文地理等方面的开卷考试，既是在筛选同好（B 站以二次元内容起家），也是在筛选那些比较有耐心、比较理性的用户；第二，测试题也包含弹幕礼仪，所以这个答题也可以传播弹幕礼仪；第三，具有一定仪式感的答题，以及来之不易的转正，会让用户更加珍惜和善用发弹幕、发评论的权利。

现实生活中的朋友聚会，基本上是其乐融融，也称得上是美好氛围。

B 站的弹幕氛围和朋友聚会的氛围，除了都比较美好外，还有两点相似：都对参与者进行了筛选；关于发言礼仪，参与者都有一定的共识。

以上两点，其实也是唱出美好氛围的关键所在。

需要说明的一点是，UGC 产品的社区氛围主要由用户的评论或弹幕构成，而发评论或弹幕是一件很容易的事，用户甚至可以只发一个字。这个特点，也使得唱出美好氛围要容易很多。

2. 成一个园

当 UGC 社区为美好内容或美好氛围起好调子之后，这个社区就会成为种子用户的"理想世界"，一个非常小众的"理想世界"。这个"理想世界"也是种子用户的乐园，一个可以感受美好、享受美好的乐园。

一旦成了种子用户的乐园，这个"理想世界"就会不断壮大，因为种子用户会忍不住把这个乐园推荐给身边的熟人好友，最终成为所有早期用户的共同乐园。

处于成长阶段且已成为早期用户乐园的"理想世界"，还会依然美好吗？

以美好内容为例，因为早期用户皆为比较垂直的用户，所以在算法推荐尚未介入的前提下，内容调性基本上依然可以得到这些垂直用户的维护，从而保持不变，也就是确保内容依然美好。

以美好氛围为例，只要对氛围参与者的筛选和对发言礼仪的传播保持不变，社区氛围就会依然美好。

3. 守一个魂

一个 UGC 产品，一旦在起步阶段和成长阶段成为用户的乐园，就会深受用户喜欢。到了中后期的发展阶段，UGC 产品一般会迎来用户的"破圈"，也就是迎来不再垂直的大众用户。

现在的主流趋势是，内容生产者没有门槛。只要这个情况存在，破圈后的"理想世界"就一定会迎来很多不太美好的内容，这是一定会发生的。比如早已破圈的 Instagram，那上面也有很多不够精美的照片。同时，破圈会对美好氛围造成一定压力，即便社区氛围的参与者依然存在门槛，比如知乎上就经常有人说 B 站的社区氛围不如之前好了。

也就是说，无可避免地，破圈会对"理想世界"的美好造成一定伤害。如何最大限度地避免这种伤害？

对"理想世界"而言，美好内容或美好氛围就是它的灵魂。灵魂一旦丢失，它就不再是"理想世界"。所以，只要守护好"理想世界"的灵魂，就能抵御破圈带来的伤害。

(1) 守护美好内容

目前的算法推荐能否守护美好内容？不能，因为目前的算法推荐基本上是一种一味地"投用户所好"的个性化推荐。比如我在 Instagram 的搜索发现频道就观看过一个不太美好的跳舞视频（一段对着手机的简单自拍）：舞跳得很随性，但不够专业，也缺乏美感和感染力。之后 Instagram 就给我推荐了大量类似的视频，这让我觉得 Instagram 没那么美好了。

当破圈后的"理想世界"遭遇大量不美好的内容时，唯有 3.7 节提到的美好算法可以守护美好内容。美好算法，本质上是一种只推荐美好内容的个性化推荐，它既能兼顾用户的喜好，又可以确保那些不美好的内容不会得到平台的推荐，或不会得到平台的大规模推荐，进而确保平台推荐的所有内容或大部分内容为美好内容。如此一来，美好内容便会得到守护。

(2) 守护美好氛围

破圈后的"理想世界"，面对大众用户的大量涌入，反应比较激烈的往往是早期用户——他们可能会在社交媒体上大声疾呼，说该"理想世界"变味了。比如面对早已破圈的 B 站，许多老用户就在知乎上抱怨其社区氛围不如从前那么好了，或者直接抱怨背后可能的原因——比如答题转正如今放水有点严重——这些抱怨也获得了许多网友的点赞支持。

这种较为激烈的反应，也是人之常情：早期用户对该"理想世界"的美好氛围是充满感情的，他们很担心大众用户会伤害这种美好氛围，这种担心甚至会使得他们不想让这个"理想世界"变得过于大众。情急之下，这些大声疾呼难免会有一些情绪化及夸张的成分，但这些夸张也往往基于客观现实——以我为例，我确实在 B 站看到过一些不友好的弹幕和评论，尤其是评论。

不过，美好氛围是否会真的变味，对此我们可以抱有更多乐观，因为守护美好氛围要比守护美好内容容易得多。以如今的 B 站为例，它肯定会守护已成为自身优势的社区氛围。另外，依据个人较为频繁的使用经验，客观来讲，B 站的社区氛围尤其是弹幕氛围，整体上依然是比较欢乐友好的。

守护 B 站社区氛围的那个答题转正，如今究竟是什么模样？

为此我又注册了一个 B 站账号，重新体验了一把答题转正。如今的它共有 100 道单选题，答对 60 道即可转正，也可提前交卷。前 50 道题和社区规范相关，题目不难，容易拿高分；后 50 道属于知识题，可自选 3~5 个擅长的视频领域（如电影、动漫、科技等）进行答题。对比老用户在知乎上的描述以及我之前的答题转正经历来看，知识题的权重在降低，所以整个测试的难度也在降低，同时社区规范的权重在升高。总的来讲就是，测试的重点不在于考大家知识，而在于传播社区规范。而社区规范是守护社区氛围最重要的一道屏障，这也能够解释为什么 B 站的弹幕氛围整体上依然比较欢乐友好。

如上文所述，唱出美好氛围时有两个要点：对社区氛围的参与者进行筛选；传播发言礼仪等社区规范，让参与者对此形成共识。结合 B 站的经验，只要始终坚持并落实这两个要点，美好氛围就基本能得到守护。

结语

让我们用一个句子来结束本节：理想世界魂犹在，世间桃源便可寻。

第 4 章　HH X：人与人的交互体验

HH X 是指用户在和其他用户、产品工作人员沟通交流时产生的主观感受，或产品的社区氛围、沟通氛围带给用户的主观感受。

具体来讲，HH X 可以分成三类。第一类是 UU X（User User Experience），即用户和用户之间的交互体验，比如评论区的交流氛围带给用户的主观感受。第二类是 UA X（User Author Experience），即用户和创作者之间的交互体验，比如点赞、留言、关注等互动行为带给用户的主观感受。第三类是 UP X（User Platform Experience），即用户和平台之间的交互体验，比如咨询、建议、投诉等行为带给用户的主观感受。

HH X 是怎么来的？它的本质是什么？它受哪些因素影响？如何提升 HH X？这便是本章要探讨的四大问题。

4.1　HH X 的根源

HH X 主要源自内容和氛围，具体而言就是：内容连接人，氛围吸引人。

1. 内容连接人

所谓内容连接人，是指具体的内容或具体的事情把不同的用户连接在一起。于是用户与用户之间便产生了交流和互动，自然就有了 HH X。

比如知乎热榜就汇聚了当下的热门问题，这些热门问题又把广大网友聚在了一起，网友因同一问题聚在一起后，又会进行回答、点赞、评论等互动。再比如豆瓣的书影音频道，就是通过书影音把用户聚在了一起，之后用户既可以对书影音进行评分和评价，也可以就评价进行点赞、收藏等互动。

互联网产品以外的世界也大抵如此。这个世界上有很多人是和自己的同学或同事结为连理，比如钱锺书先生和杨绛先生的清华之恋，孙中山先生和宋庆龄先生的革命情深，正是求学和工作这两件事，让他们得以相识相知相爱。

2. 氛围吸引人

所谓氛围吸引人，是指氛围良好的社区产品会吸引更多用户去使用。更多用户的参与，会产生更多的 HH X。

比如 B 站欢乐友好的弹幕氛围，就让很多人更喜欢去 B 站看视频。有次我想看《玄奘之路》这部纪录片，腾讯视频和 B 站都可以看，出于对 B 站弹幕氛围的喜欢，我最终选择了在 B 站看。

互联网产品以外的世界也大致如此。比如胖东来超市的服务很好，名声在外，那我回家乡许昌（胖东来所在地之一）的时候，就会特意去逛一下，体验一下它的服务。

4.2 HH X 的本质

《沟通的艺术》（作者罗纳德·B. 阿德勒）这本书有个观点，是沟通有两个向度，一个是内容向度，即双方讨论的信息，一个是关系向度，即双方对彼此的感觉。比如，职场招聘中应聘者和招聘者之间的沟通，既包含岗位本身的相关内容，也包含彼此对对方的初步印象（是否有好感，是否信任，等等）。

HH X 里人与人之间的交流与互动，本质上也是一种沟通，所以"沟通有两个向度"这个观点，很大程度上也适用于 HH X。

另外，HH X 还包括 UP X（用户和平台之间的交互体验）。UP X 一般是明确的问题导向，其目的是寻求问题的解决方案，常见的咨询和投诉就是如此。

综上，可以总结出 HHX 的本质主要包含三点，分别是：氛围（关系向度）、信息（内容向度）、解决方案（问题向度）。

1. 氛围

2 岁的一天，小明由爸妈牵着在广场上看别人跳舞。小明当然听不懂音乐里的歌词，但是通过人们的表情动作和欢快的音乐，他感觉到这是一个快乐的氛围，于是自己也忍不住跟着晃动起来。

人与人接触时，双方通常会马上识别出对方的情绪，各自的情绪也会马上受对方影响。情绪的这种互相识别与互相影响，整个过程非常快，而且感觉毫不费力。因为情绪近乎是人的一种本能，这也是为什么婴幼儿也能识别别人的情绪并拥有自己的喜怒哀乐。

因为情绪能很快发挥作用，而且情绪几乎与我们如影随形，所以很多时候，本能且迅速的情绪会先于非本能且迟缓的后天能力（阅读、说话、思考等）发挥作用。比如，当我们在公众号里翻到一篇文章的底部并浏览了几条高赞评论时，可能还没有吃透评论的意思，就已经迅速感受到了评论区里由种种情绪构成的整体氛围，并且我们的情绪也会受这个氛围影响；接下来，针对这篇文章，我们想说的话或想表达的观点，可能也会受这个氛围影响。

所以，于 HHX 而言，第一个本质，就是氛围。

2. 信息

23 岁的一天，在一家中型公司任职产品经理的小明，正在看他的设计师同事小红发来的两个关于首页的设计方案。小明不是很懂设计，但公司里也没有人会对设计方案拍板，都是由他和小红商量着决定。在跟小红沟通的过程中，小明感觉到小红对产品和用户的理解不够深、把握不够准，做出来的设计也缺乏个性和感染力，小红自己对这两个设计方案也不是很满意。小明觉得两个设计方案都不太理想，但也给不出更专业的建议。最终，两弊相衡取其轻，小明建议选择那个对比更突出、阅读体验更好的设计方案。

从幼儿到青少年，我们会慢慢掌握识字、理解复杂问题和理性思考的能力。之后，当我们再与人沟通交流时，识别完对方和自己的情绪，就会重点关注所沟通的内容。比如小明和小红在讨论两个设计方案时，尽管双方都对这两个设计方案有些许失望，但最终还是要把关注重点放在哪一个更好上。

同样地，在浏览公众号文章的评论区时，感受完评论区的整体氛围，我们也会非常关注评论的内容：首先会好奇大家的留言都说了些什么；其次很希望看到一些和自己观点相近的留言，看不到的话可能会一直翻评论；最后可能也会对那些和自己观点不同的留言抱有好奇心。另外，我们常常能从评论区获得很多额外的有用信息，这些信息往往是对原文的补充。以至于大部分时候，当我们认真看完一篇文章、一条视频后，都会去翻评论区，并顺手给喜欢的及有用的评论点个赞。

所以，于 HH X 而言，极其重要的一个本质，是信息本身。

3. 解决方案

30 岁的一天上午，小明在网上和一家店铺的客服聊天，请店家不要在包装里放含商品价格的购物小票，因为这是他寄给朋友的礼物。这天下午，小明给中国移动的客服监督热线 10080 打了个投诉电话，因为他发现年迈父亲的移动号码被乱收费了，他在电话里反映了具体的情况并要求移动把相关费用退还回来。这天晚上，小明在腾讯视频看一部老电影，看到有人在弹幕里骂脏话，于是他暂停播放并向平台举报了这条弹幕。

当 UP X 发生时，也即当我们与客服交流，向平台投诉、举报或反馈建议时，我们通常是带着特定问题去做这些事的，同时也希望产品工作人员能把问题解决，尤其是对于咨询、投诉、举报等事宜。

这时，于我们而言，最核心的不再是所反映的问题本身，而是问题对应的解决方案。也就是说，解决方案成了 UP X 的本质。

结语

氛围、信息和解决方案，是 HH X 的本质，也是 HH X 的价值所在。

HH X 是人和人在打交道，相比实物商品或 UGC 内容之于人的影响力，人之于人的影响力通常会更大。

4.3 HH X 的七大影响因素

用户、作者、平台三方的相互联系，造就了 HH X（UU X、UA X 和 UP X），所以 HH X 其实主要受这三方影响。具体而言，这些影响因素可以分成七大类，分别是：社区规范、社区管理、社区调性、用户默契、用户关系、作者内容、作者身份。

1. 社区规范

社区规范，泛指用户的行为规范。通俗来讲，就是哪些行为被鼓励（"绿灯"行为）；哪些行为被严禁（"红灯"行为）；哪些行为被禁止或不被鼓励（"黄灯"行为）。

社区规范，意义何在？

中医有个理念是"治未病"，就是强调对疾病的预防和对身体的养生。我们平常的健身、注重饮食和睡眠，某种意义上也是治未病。类似的道理，社区规范最大的意义，是"治未病"，就是预防"红灯"行为和"黄灯"行为的发生，并促使"绿灯"行为的发生。

以豆瓣、快手、Keep 社区等面向大众的信息型 UGC 社区为例，它们都有自己的社区规范，但这些社区规范一般"躺"在一个安静而隐蔽的角落，比如"设置"里。大部分用户也极少去看这些规范，用户在这些社区发作品、发评论以及判断所发内容是否得当时，基本是依赖经验、模仿别人或纯粹试一试，期间几乎不会想到社区规范，更别提去遵守它。比如 Keep 社区的评论区就有一些涉黄评论，同条内容的评论区往往会出现多个涉黄评论，有的评论还是相互之间的回复与交流，这些并不符合 Keep 的社区规范，按 Keep 的社区规范来界定，这些都属于"骚扰"类不友善行为，详见下图。

不友善行为：不尊重 Keep 用户及其所贡献内容的行为，包括但不限于：

　骚扰：以评论、@ 他人等方式对他人反复发送重复或者相似的诉求，或者以下流、淫秽语言挑逗同性/异性

　谩骂：以不文明的语言对他人进行负面评价

　羞辱：贬低他人的能力、行为、生理或身份特征，让对方难堪

　歧视：针对他人的民族、种族、宗教、性取

Keep 社区规范关于"骚扰"等不友善行为的描述

所以于实际而言，很多社区规范没有很好地做到"治未病"。不过也有一个例外，那就是 B 站。B 站通过答题转正的方式，很好地宣传了社区规范，从而营造了一种欢乐友好的社区氛围，起到了"治未病"的效果。

2. 社区管理

如果说社区规范是在"治未病"，那社区管理就是在"治已病"。

社区管理，是指当用户所发内容或其他行为涉及"红灯"行为、"黄灯"行为这些不当行为时，社区对其采取的管理措施。这些管理措施分为主动管理、被动管理和协同管理。

所谓主动管理，是指平台主动进行的管理。比如审核用户所发作品，在评论区检测和删除外部链接（以下简称外链）。

所谓被动管理，是指平台在接到用户投诉或举报后进行的管理。比如接到针对侵权、抄袭的投诉，或针对不友善评论的举报后，采取相应的管理措施。

所谓协同管理，是指社区将一部分管理权转交给用户，由用户和平台一起管理社区。这个管理权，往往是针对评论的管理权；这个用户，往往是作者。

目前，各大社区的主动管理主要针对被严禁的"红灯"行为，比如若发布违法、色

情内容，审核时不予通过。相应地，各大社区的被动管理，则偏重被禁止或不被鼓励的"黄灯"行为，比如抄袭的内容、不友善的评论等，平台一般不会去主动管理这些行为，接到用户投诉后才会管理。至于协同管理，目前大部分社区都存在协同管理，常见的有三大类：一是作者删除评论，微博、知乎、B 站等社区皆有此功能；二是作者审核评论，审核通过的评论才会公开显示，公众号有此功能；三是作者管理评论权，也就是作者能够决定谁可以评论自己的内容，公众号、微博、快手等社区有此功能。

3. 社区调性

内容调性加上内容广度，即为社区调性。

在社区广受欢迎的大部分内容，它们共同的核心特点即为内容调性。在所有用户心中，对内容调性很难有一个清晰的定论，但是会有一个大概的共识。比如小红书的笔记，它的内容调性就通常包含这两点：外观较精致，偏经验分享。

在社区广受欢迎的大部分内容，它们所涉猎的范围即为内容广度。如果一个社区有明确的频道分类，那么这个频道分类就大致等同于这个社区的内容广度。

如 3.6 节所述，公众号是一个多元的"真实世界"。这个"真实世界"的内容调性是"空"与"白"，也就是说，公众号的内容调性极具包容性。得益于去中心化的特性、极其庞大的用户群体，以及"空"与"白"的内容调性，公众号的内容广度也是极其广泛，几乎无所不包——绝大部分用户能够找到自己感兴趣的且在社区颇受欢迎的内容。

但是对于大部分没能成为"真实世界"的信息型 UGC 社区而言，如小红书、抖音等，其内容调性通常能用若干关键词来概括，其内容广度（频道的数量）一般在三五个到一二十个之间。

社区调性对 HH X 的主要影响在于，对大部分作者和大部分内容而言，只有符合社区调性（尤其是内容调性）的内容才会在社区广受欢迎，并拥有良好的 UA X 和 UU X，反之则不会。我观察过很多作者，基本符合这一特性。比如有个叫"物道之华"的作者，主要做和传统文化（诸如二十四节气）、东方美学相关的短视频，在微信视频号上颇受欢迎，单条视频的点赞一般破千，对应的评论平均在 50 个以上，在抖音上则反响一般，几乎没有人评论，点赞通常只有两位数。

社区调性不仅影响着 HHX，还深深影响着 HHX 背后的作者。一些作者在创作内容时，会迎合社区调性，从而使自己的内容在该社区更受欢迎。当然也有一些作者，会始终坚持按自己的调性创作内容，同时在多个社区同步发表内容，这时往往也能找到在社区调性上与自己内容相契合的社区。

4. 用户默契

用户默契，是指用户在某些行为上表现出来的一种不约而同。对社区而言，这个"某些行为"主要体现在两方面：一方面是"用来干啥"，就是主要用这个社区做什么；另一方面是"为啥互动"，就是为什么要进行关注、点赞、收藏、评论等互动。"为啥互动"会直接影响到 UAX 和 UUX，"用来干啥"则会间接对 HHX 产生影响。

用户默契有个明显的特点，就是大部分时候是隐性的。它不像新闻一样已经被昭告天下世人皆知，而是很少被人提起，尤其是"为啥互动"，很少被公开提起。但是它却存在于用户心中，并默默发挥巨大的作用。

(1) 用来干啥

"用来干啥"主要受社区调性影响。

社区调性是什么，用户就会在这个社区干什么。也就是说，社区调性和"用来干啥"往往是一一对应的关系。比如我偶尔会用抖音来娱乐，来关注社会新闻，这和抖音的社区调性是一致的。

(2) 为啥互动

互动包含关注、点赞、收藏、评论等，其中既比较简单又比较关键的是关注、点赞和收藏，这里我们以点赞为例来说明。

通常情况下，点赞是一个很纯粹的动作，多用来表达喜欢和支持，比如在公众号和

B站为喜欢的文章和视频点赞。在公众号和B站点赞，基本上没有任何心理负担，比较"随心所欲"，比较痛快。

在个别场景下，点赞的动作没有变，但是其内涵被设计得很复杂，这时我们的点赞也会变得复杂起来。比如下图微信视频号的"朋友点赞"，除了常见的表达喜欢和支持，还混入了另外三层含义：自我坦露、刷屏、广告。

微信视频号里内涵复杂（至少五重含义）的"朋友点赞"

首先，在微信视频号的设计里，用户给一条视频点赞，其好友都会看到这个动态，这跟发条朋友圈大家都能看到有点类似，所以迫使用户不得不考虑自我坦露的问题：点赞的内容是否符合自己想要坦露的自我。其次，如果点赞过多，比如短时间内点赞5条视频，那么势必会造成不太受欢迎的刷屏，这就使得多数用户即便很想点赞，也极少连续点，所以用起来并不痛快。连续点赞的现象在抖音就很常见：看见喜欢的视频，就点个赞。最后，熟人圈子天然存在打广告的需求——打广告通常对应转发，和点赞是分开的，公众号文章就是如此——但是微信视频号除了转发可以打广告，点赞本身也可以打广告，这一点被很多用户诟病，因为体验确实不好：微信视频号的"朋友点赞"频道混杂了不少广告。

5. 用户关系

用户关系，泛指用户之间的熟悉程度。具体而言，用户关系可以大致分成两类：熟人关系、陌生人关系。这两种不同的关系，会对"谁为 UU X 负责"这一问题产生不同的影响。

(1) 熟人关系

如果是熟人关系，那么用户一般不会把 UU X 的好与坏归因于平台。

比如，小明在微信上的聊天经历既有愉快的，也有不愉快的，但因为微信上的联系人以熟人为主，所以小明不会把这些愉快和不愉快归因于微信。同样的道理，即便小明经常在朋友圈看到有人发令他反感的广告，他也几乎不会把这些事归咎于微信。

(2) 陌生人关系

如果是陌生人关系，那么用户一般会把 UU X 的好与坏归因于平台。

比如，小明喜欢 B 站欢乐友好的弹幕氛围，这种氛围让他感到愉快，小明通常会把这种愉快归功于 B 站。再比如，小明在一个交友软件上通过系统的"智能匹配"认识了几位"匹配度"在 90% 以上的网友，结果却和她们聊得都不太投机，小明就很可能会觉得这个软件的"智能匹配"并不智能，其"匹配度"也是虚高。

值得一提的是，除了微信、QQ 等个别熟人联络平台，大部分 UGC 社区和交友软件是依托于陌生人关系的。这就意味着，于大部分 UGC 社区和交友软件而言，用户会把 UU X 的好与坏归因于它们。进一步讲，如果 UGC 社区想要提升自身的竞争力，那么确保 UU X 良好便是一个可行的办法；如果交友软件想要赢得用户的信任与认可，那么确保 UU X 良好则是一个基本功。

6. 作者内容

作者内容，是指创作者在社区发表的区别于评论、弹幕的主体内容，比如一篇文章、一条视频。

是什么样的内容，就会得到什么样的评论。这句话在绝大多数情况下是成立的。比如李子柒视频的评论区，和手工耿视频的评论区，是完全不同的画面——前者更多沉醉于视频里沾带自然气息与烟火气息的仙气飘飘，后者常常化为一场带有善意和想象力的集体狂欢式的调侃说笑。

再比如，脉脉这个职场社区上曾有一个比较热门的动态，内容是作者让网友帮忙"P掉"景点打卡照里距"主角"很近的一个路人，隐隐带着一股恶搞的气息，所以评论区里大部分也是恶搞的"P图"。在抖音这个偏娱乐化的视频社区里，我们也能看到一些电视媒体账号发的诸如中小学生补习班之类的很严肃的社会新闻，这些严肃社会新闻的评论区，大部分也是严肃的评论。

作者内容在对评论乃至弹幕产生显著影响的同时，也会影响到点赞、关注这些行为。比如刚才提到的恶搞"P图"的例子，评论虽多，点赞并不多。那些真正优质的内容，其点赞数往往多于评论数，同时会吸引新的关注，站酷上优秀的文章和设计作品就是如此。总的来说，作者内容会影响到 UA X 和 UU X，对 UU X 的影响尤为显而易见。

7. 作者身份

作者身份，是指作者的作品和名气。作者的职业不同，对应的作品也不尽相同。名气泛指知名度、从业经历、求学经历、各种 Title 等。

"成功人士说啥都是对的"，网友有时会在评论区调侃那些不靠谱的"名人言论"。尽管是在调侃，但这句话也在一定程度上说明了作者身份对 HH X（尤其是 UA X 和 UU X）的影响。

不管是作者还是平台，很多时候会有意无意地利用作者身份对 HH X 的这种影响。比如，有些平台会宣传"某某明星入驻某某平台"，在造势的同时也能吸引来很多用户与明星互动（关注、点赞、评论等）。

需要指出的是，因为作者身份包含作品和名气，所以其对 HH X 的影响也会有两个结果。结果一，不管名气是大是小，如果名气背后有过硬的作品打底，那么作者身份对 HH X 的影响就会比较深远。结果二，即便名气很大，如果名气背后没有过硬的作品打底，那么作者身份对 HH X 的影响就不会太深远。

结语

我影响了你，你影响了我，每个人都有影响力，每个人都会被影响，这就是我们的 HH X。

4.4 如何提升 HH X

了解了 HH X 的影响因素，也就基本了解了如何提升 HH X。

在 HH X 的七大影响因素中，社区独占三个，且用户默契、用户关系这两个影响因素，很大程度上也受社区影响，所以社区本身对 HH X 的影响是最大的。以上是偏理论化的解读，日常生活中的例子也能印证这一点。比如同样都是中长视频社区，B 站的 HH X 和西瓜视频的 HH X 就存在很大的不同，用户和作者当然也会占一定原因，但是大家一般会很自然地把主要原因归结于平台本身——因为平台的权力和影响力都是最大的。所以本节的论述视角，也是平台本身，且仅限于平台本身。

如何提升 HH X？站在平台的角度，主要有三个要点，分别是：宣传社区规范，优化社区管理，培育社区调性。

1. 宣传社区规范

社区规范如果"躺"在一个安静而隐蔽的角落，就很难被用户注意到，也就很难发挥"治未病"的作用。只有把社区规范宣传到位，让它成为用户心中的共识，才能实现"治未病"。

如何宣传社区规范？至少有两个要点，分别是宣传重点和宣传方式。

(1) 宣传重点

建议把"黄灯"行为和"绿灯"行为作为宣传重点，让用户对这两类行为有一个大致的了解。原因有二：在 UGC 社区碰到的不友善评论、网络暴力等行为，多属于"黄灯"行为；同时我们会觉得，那些友善的、理性的"绿灯"行为还可以再多一些，因为只有这样才能形成良好的社区氛围。

(2) 宣传方式

宣传方式需要尽可能地简单：一来有利于宣传工作的开展，二来用户更容易记住被宣传的内容。像驾照考试科目一的单选题和 B 站答题转正的单选题，就是一种很好的方式——形式很简单，同时还能起到很好的宣传效果。

2. 优化社区管理

如 4.3 节所述，社区管理主要有主动管理、被动管理和协同管理。关于优化社区管理，个人的建议是重点优化主动管理和协同管理。

(1) 优化主动管理

除了审核作者发表的作品外，一些社区还会主动删除包含外链的评论。平台主动删评论这种管理行为，建议可以适度扩大所删内容或所屏蔽内容的范围，比如辱骂、恶意评论等比较严重的"黄灯"评论，平台也可以考虑主动将这些评论删或屏蔽，这样必然会提升社区美誉度，也会大大提升 HHX。

(2) 优化协同管理

关于协同管理，目前常见的三种做法（作者删除评论、作者审核评论、作者管理评论权）都可以酌情参考，也可以适当创新。因为这三种做法是方法，不是目的，我们的目的更多的还是和"黄灯"评论、"绿灯"评论有关，具体而言至少有四个：一是减少不当评论（如人身攻击等）对作者的伤害；二是减少"噪声"（广告、很水的评论等）对用户的干扰；三是凸显优质评论（有见解的、补充信息的、代表用户心声的，等等）；四是最好不要过分加重作者的负担（毕竟作者管理评论只能依赖人力，而平台管理评论还可以依赖算法等技术手段）。关于凸显优质评论，建议更多社区可以向公众号学习，一是给作者一个置顶某条评论的权力，二是诸如站酷等资深社区也可以将评论按点赞量排序。

3. 培育社区调性

当社区（尤其是信息型 UGC 社区）发展到一定阶段时，其社区调性里的"内容广度"通常会趋于多元。这种多元主要有两个动力，分别是自然动力和人工动力。

所谓自然动力，是指来自用户需求的动力。比如当抖音坐拥数亿用户时，自然会有一部分用户对汽车很感兴趣，那么抖音里也会很自然地生长出大量和汽车有关的内容。所谓人工动力，是指由平台牵头并由平台主推的动力。比如最近两年，抖音和快手都在发力教育内容，快手的侧边栏里就有一个"快手课堂"的频道。

当社区发展到一定阶段时，其社区调性里的"内容广度"会趋于多元，其社区调性里的"内容调性"，也会变得多元吗？

很难，内容调性到了一定阶段，通常会趋于稳定：会有小的进化，但难有大的变化。

因为，根据 4.3 节的内容我们知道，内容调性要么是"空"与"白"的无所不包，要么可以由若干自成一体的关键词来概括，大部分内容调性属于后者。内容调性在趋于成型和稳定以后，要想变化，往往意味着要用新的一套关键词来代替旧的一套，或既有的一套关键词发生极大的变化。这不是完全没可能，而是难度很大，在现实社会中也鲜有发生。就以快手和小红书的笔记为例，目前都有一二十个频道，且都有音乐、美食等频道——如果我们先在快手上浏览音乐、美食频道的内容，再在小红书的笔记上浏览这两个频道的内容，会发现二者在调性上存在很大不同。这里的调性，便是"内容调性"，它们的状态，在目前以及未来很长一段时间内，都是稳定的。

至此，不难发现，内容调性有两个显著特点：第一，内容调性到了一定阶段，会趋于稳定，难有大的变化；第二，内容调性能从根本上区分不同社区的调性，或者说能在很大程度上区分不同的社区。

换句话说，内容调性是社区调性稳定的内核，是重中之重。

社区调性对 HH X 的影响在于，平台想要吸引什么样的内容，想要打造什么样的氛围，很有必要先培育一个类似的内容调性，然后用内容调性来吸引相应的内容，最终演化出相应的氛围。当内容调性被培育出来并趋于稳定以后，便能在一定程度上实现

"一劳永逸"：如快手和小红书笔记一般，社区里广受欢迎的内容，基本会深深刻上各自内容调性的烙印。

江山易改，本性难移。培育社区的内容调性，就和培育人的个性一样，重点是在幼年和青少年时期下功夫，也就是说，需要在产品的初期和早期入手。具体而言，有五个关键要素需要注意，分别是：内容调性定位、早期用户、UI 调性、内容评发体系（内容评价体系与内容分发体系）、运营。

(1) 内容调性定位

凡事预则立，不预则废。于社区而言，如果在内容调性上有自己的价值主张，那么最好是在初期和早期就朝相应方向培育。等内容调性趋于稳定时，再提这些价值主张，往往为时已晚。比如想要把一个日常充电类的知识型 UGC 打造成一个客观的、深度的社区，并营造出一个理性的、友善的互动氛围，那么一开始就可以把"客观、深度"明确成这个社区的内容调性。

(2) 早期用户

所有产品在诞生之初，都要寻找早期用户，社区也不例外。关于早期用户，个人有三点建议供参考。

第一，聚焦用户的核心特征，就是一定要不断地总结和完善早期用户的特征，再从诸多特征里筛选出核心特征。比如先聚焦于他们的年龄、性别、受教育程度、线上线下经常聚集在哪里、其他主要特征，等等，然后从中筛选出核心特征。第二，邀请或吸引对方：当找到一个或一群早期用户时，通过邀请或吸引的方式让对方来使用自己的产品。第三，不要"出圈"：内容调性是靠着一群趣味相投的早期用户共同培育出来的，所以在内容调性趋于成熟和稳定以前，不仅不要急于扩大用户规模，而且若有必要，可以为早期用户设置一定的门槛，以确保早期用户基本符合刚才提到的核心特征。

(3) UI 调性

UI 调性，即视觉层面的调性。某种程度上，UI 调性是从视觉层面传达内容调性的价值主张。比如抖音最初主打一些时尚年轻人跳舞唱歌的视频，其 UI 设计就模拟了一个音乐现场的调性：Logo 采用一个抖动的音乐符号，主要页面的背景采用暗色且辅以舞台灯光的雾化效果，加号按钮等元素也采用类似音乐跳动或身体舞动的抖动效果。这一 UI 调性也颇受早期用户喜欢。理想的 UI 调性，应该像早期抖音这样，和内容调性呼应，并且广受早期用户的认可或喜欢。

(4) 内容评发体系

还是以刚才追求"客观、深度、理性、友善"的知识型 UGC 社区为例，早期用户和 UI 调性有了，平台还得鼓励用户去创作、去观看客观的有深度的内容，此时就需要设计相应的内容评发体系。比如设计一个以"客观、深度"为主要标准的质量评价，并鼓励用户去评价，然后根据质量评价向用户推荐内容。再比如根据质量评价设置相应的榜单，等等。

(5) 运营

运营，是指和"自动化"的产品本身相对，依靠一些人工行为来助力产品的发展。比如，依靠人工邀请一些早期用户成为社区的创作者，依靠人工举办一些线上或线下的活动。关于运营的定位，个人的建议是：自然生长是内功，起决定作用；运营是外力，起辅助作用。产品的生长和植物的生长类似：既可以把产品种在野外，一开始浇点水施点肥，后面就让其野生野长；也可以把产品种在田里，结合天气情况，不定期地为其浇水施肥。运营就类似浇水施肥，适度地浇水施肥总是好的，但如果过度，比如不停地浇水施肥，则会出问题。

结语

好的社区规范和社区管理可以使 HH X 变得更好。好的社区调性不仅可以使 HH X 变得更好，还可以使社区内容，也就是 HC X，变得更好。

第5章 HB X: 人与品牌的交互体验

HB X 是指当用户想起、谈论起品牌，或使用品牌的产品、体验品牌的服务时，品牌带给用户的主观感受。

例如，于互联网从业者而言：当使用微信时，这种主观感受通常是简单好用；当就着弹幕在 B 站观看电影时，这种主观感受通常是欢乐友好；当谈论苹果公司或使用苹果公司的产品时，这种主观感受通常是行业引领者或好看好用。

这些主观感受的背后隐藏着什么？或者换句话说，当我们开发了一款 App，并将其打造成一个品牌时，怎样让用户对我们的品牌也有一个良好的主观感受？

接下来通过探讨 HB X 的本质和影响因素，本章将尝试回答这个问题。

5.1 HB X 的本质

我们成为某个 App 的用户，与我们在商场进入某家店铺消费类似，双方建立的都是一种认真的"合作"关系。当这个 App 经过一定时间成长为一个品牌时，这种"合作"关系也可以被视作我们与这个品牌的"合作"。

现实生活中，当我们与某个人或某个品牌建立真正意义上的合作关系时，比如请一家设计工作室为我们设计一个 Logo，要想确保双方都满意，至少有两点至关重要：一，双方需要有一定的信任基础；二，双方都能满足对方的期望。

至此可以看出，在真实的合作关系中，相互信任和相互满足期望是最重要的。相应地，在人与品牌的"合作"关系中，也即在人与品牌的交互过程中，人对品牌的信任以及品牌能满足人的期望，是最重要的。

也就是说，信任和期望，是 HB X 的本质。

1. 信任

一定的信任，是用户与品牌"合作"的基础。

对于这个说法，大家可能会有疑问：我对某个品牌并无多少信任，可还是会用它的产品。这样的例子确实存在。比如一些房产网站虽然会审核平台上的房源信息，但那上面还是有一些虚假房源：电话上得知自己感兴趣的某套房子还在，去现场看的时候，却被告知这套房子已经没有了。作为用户的小明也知道这一点，所以他对这些平台的信任感是比较弱的，但是当他想租一套房子的时候，还是会去这些平台小心筛选，因为那上面也有真实的房源。

之所以会小心地和不太信任的品牌"合作"，更多是因为一时半会没有更好的选择。当更值得信任的品牌出现时，我们自然会去和它们"合作"，因为这样会更省心省力。

2. 期望

我们会和某个品牌"合作"，除了信任这个基础，还有一个因素是对方满足了我们的需求，或者说满足了我们的某种期望。

这种期望，粗略来讲，包括物质期望和精神期望。

物质期望方面，我们往往追求物美价廉，比如购买水果蔬菜等日常用品时，就会遵循这个原则。精神期望方面，我们的期望（需求）有很多，最基本的一个是对方的态度不能太差。值得一提的是，物质期望和精神期望永远都是并存的，比如去超市购物，相比去电影院看电影，看起来是物质消费，但如果收银员的态度非常差，或非常冷漠，我们就会觉得不舒服，下次可能就不会去这家超市了，甭管它多么物美价廉。有些品牌的商品，除了能满足我们基本的物质期望和精神期望外，还能满足我们更多的精神需求，比如 Mac，它额外满足的精神需求就包含更加流畅易用的使用体验、美学享受等，所以即便 Mac 物美价高而不是物美价廉，很多人也依然会选择它。

这种"合作"关系，根据期望被满足的程度，大致可以分成三类，分别是：糟糕的、一般的、良好的。

糟糕的"合作"关系，是指品牌方没有满足我们的期望，或在满足期望的过程中带来了糟糕的体验。比如旅行时逛一些游客集中的商业街，怀着期待的心情，我们去老字号品尝当地的传统美食，结果价格很高不说，食物还难吃，服务态度还差，我们只能败兴而归。

一般的"合作"关系，是指品牌方基本上满足了我们的期望。比如工作日我们经常去吃午餐的几家小馆子，在卫生、味道、价格、服务等方面都基本 OK，没有低于预期，也没有明显高于预期。

良好的"合作"关系，是指品牌方很好地满足了我们的期望，或超出预期地满足了我们的期望。比如去某家口碑良好的餐厅吃饭，环境、菜品、味道、服务等方面都还不错，同时价格实惠，整体感觉就比较良好。

结语

店家都希望有更多的回头客，品牌方都希望与用户建立一种稳固而长久的"合作"关系。品牌方的这种希望，跟人类在建立婚姻关系时的希望，非常类似。婚姻关系同所有人际关系一样，是一种动态的关系，需要好好经营。

于婚姻关系而言，唯有建立在信任的基础之上，并很好地互相满足对方的物质期望和精神期望，才能既长久，又幸福。人与品牌的"合作"关系，人与品牌的交互体验，也基本如此。

5.2 HBX 的四大影响因素

什么因素，会影响到用户对品牌的信任，以及品牌能否很好地满足用户的物质期望和精神期望？

个人的总结有四点，它们分别是：产品，精神，传播，沉淀。

1. 产品：经济基础

这里的产品是一个广义的概念，它既包括传统商品，比如一双鞋子，也包括互联网的软件产品，比如一个 App，还包括服务类商品，比如法律咨询。本节的阐述主要基于软件产品，这一点请大家知悉。

很多传统商品会被赋予一种精神内涵。比如可口可乐，被赋予的精神内涵是"快乐"——既有畅爽一刻的快乐，也有亲朋好友欢聚时刻的快乐——这让很多人对可口可乐多了一份好感，甚至多了一份喜爱。

很多软件产品做大以后，也会赋予自身一种精神内涵。比如抖音的"记录美好生活"——美好诚然可贵，但是根据我使用抖音的感受，以及我对身边朋友和网络上主流声音的观察，抖音的这一品牌主张并没有在用户中引起广泛共鸣。

有意思的事情出现了：同样都是很好的精神内涵，有些大家买账，有些大家不买账，背后的原因是什么？

相比产品本身，精神内涵是一种更高的追求，这种更高的追求需要有一定的"物质"基础，而这种"物质"基础只能是产品本身。也就是说，产品更像是"经济基础"，精神更像是"上层建筑"。经济基础是上层建筑存在的根源，经济基础若是不牢固，上层建筑就容易化为海市蜃楼。

回到上面的两个例子。

先来看可口可乐。以经典可乐为例，作为一款碳酸饮料，消费者对其的期望乃至感知主要体现在口味、包装和健康上：可口可乐甜中带着一点爽，包装设计简约，辨识度和接受度很高，但可乐喝多了对身体不好，且比较容易使人上瘾。整体来看，可口可乐的经济基础存在一定问题，但事关"快乐"的经济基础是比较牢固的。

再来看抖音。抖音既可以给人带来一定的快乐和一些美好的信息，也可能让人沉迷其中并虚度时间，甚至让人受到错误或不良信息的误导，尤其是对于小孩和老人而言。综上，抖音事关"美好"的经济基础并不牢固。

那抖音的经济基础具体是什么？

经济基础指的是产品本身的质量。从用户体验四维度这个视角来评判一款产品的质量，最为基础的因素是 HI X、HC X 和 HH X，所以这三项是一款软件产品的经济基础。值得注意的是：不是所有软件产品都同时具备这三个属性，所以一款软件产品的经济基础是这三个属性中的 1 个、2 个或 3 个；这三个属性作为软件产品的经济基础，本身也存在核心和非核心之分。

不同类型的软件产品，其经济基础的核心也存在不同。通常而言，如果是纯粹的工具型软件，比如 Zoom，那么其经济基础的核心是 HI X；如果是 UGC 这样的内容型产品，比如抖音、B 站、公众号等，那么其经济基础的核心则是 HC X。

2. 精神：上层建筑

这里的精神也是一个广义的概念，它既可以是一种单一的精神，比如可口可乐的"快乐"，也可以是一种丰富的文化，比如耐克所传播的体育文化。因为文化的内涵往往更加丰富，所以不同人对同一文化的理解可能也会有所不同。还是以耐克所传播的体育文化为例，小明对其的理解可能是拼搏精神，小红对其的理解可能是"Just Do It"。

精神和文化层面的内涵，如果能引起用户共鸣，用户就会对该品牌产生认同感。这种认同感就像是一股磁场，稳稳地把用户吸引在品牌周围。

精神和文化层面的内涵，如果想要和用户产生共鸣，通常需要同时满足两个条件：一，关联性，就是这种精神和产品本身有比较强的关联；二，经济基础，就是产品本身要足够好，也即经济基础要足够牢固。

关联性非本节重点，暂且不提。经济基础对软件产品而言，是有一定难度的。

乔布斯曾说过，普通汽车和顶级汽车的差距，普通 CD 和顶级 CD 的差距，很少超过两倍，但是在软件行业，这种差距可能是 15 倍，甚至是 100 倍。也就是说，现阶段软件产品的经济基础，要比传统商品的经济基础难得多。以文章、视频等内容型产品为例，其经济基础足够牢固意味着核心的 HC X 要足够好，同时 HI X 和 HH X 也不能差，这样的产品在市面上很稀少。反观传统商品，不光足够好的日常用品（衣服鞋子等）有很多，足够好的内容产品（报刊图书等），也有很多。

关于经济基础和上层建筑，有一个不得不提的例子，那就是健身应用 Keep。

2016 年 6 月，Keep 在电视、网络、地铁公交等线上线下渠道投放了首支广告片《自律给我自由》。"自律给我自由"的精神直击人心，引起广泛共鸣的同时也带来了朋友圈的刷屏，Keep 的用户在短时间内由 3000 万一跃升至 5000 万。彼时 Keep 的经济基础是这样的：第一，当时只拥有在线课程和简单社区的 Keep，其在线课程（HC X）品质精良；第二，其交互比较简单，UI 很不错，所以 HI X 整体比较不错；第三，陌生用户之间相互给对方的运动状态加油打气的氛围（HH X）给人感觉也不错。所以整体来说，Keep 彼时的经济基础很牢固，这就为其上层建筑的成功打下了基础。

时至今日，Keep 的经济基础已经发生了很大变化：第一，在线课程（HC X）基本保持了原有的高水准；第二，界面变得复杂，HI X 没有以前好；第三，社区内容（HC X）方面，有干货的经验分享所占比例在下降；第四，Keep 经营了运动装备、运动服饰等传统商品（HC X），我本人也买过若干件，比如一个跑步时用来装手机的透明的触屏臂包，设计上继承了 Keep 的简约风格，材质上感觉有待提高，最关键的是这个臂包在使用时很容易滑落，所以给我的感觉是不够专业。整体来看，Keep 的经济基础远不如当初牢固，可以说很大程度上是靠品质精良的在线课程在支撑。此时，当再次看到 Keep "自律给我自由"这样的品牌精神时，我依然对这句话有共鸣，但我对 Keep 这个品牌的共鸣在减弱。

3. 传播：一次沟通

这里的传播也是一个广义的概念，它既包含用户自发形成的相互推荐，也包含品牌方主动发起的各种营销活动。

在探讨传播的细分种类之前，我们先尝试探讨下传播的本质。

传播究竟是什么？个人观点，传播也是人与人之间的一次沟通。所以第 4 章提到的沟通的两个向度（关系向度和内容向度），也同样适用于传播。

根据传播对象的不同，传播可以分成两类，分别是：产品的传播、精神的传播。

(1) 产品的传播

所谓产品的传播，是指侧重产品功利性或基础性特点的传播。日常生活中我们看到的大部分广告，属于产品的传播。比如《说唱新世代》的冠名商聚划算，其在节目里的广告词"划算划算聚划算，百亿补贴买买买"，就是侧重宣传聚划算的功利性特点，属于产品的传播。

(2) 精神的传播

所谓精神的传播，是指侧重以下方面的传播：产品被赋予的精神内涵，或产品所倡导的精神内涵，或产品本身在精神上给人带来的良好感受（愉悦感、舒适感等）。

这方面最典型的例子就包括耐克的一些广告：耐克一些广泛传播、赢得好评的视频广告，很少宣传鞋子衣服的质量，更多的是在为和体育有关的拼搏精神代言。

根据传播途径的不同，传播又可以大致分成三类，分别是：口碑传播、热点传播、广告传播。

(1) 口碑传播

口碑传播，就是用户之间的口口相传。主要有"一传一"和"一传多"两种形式，它们既会发生在线下，也会发生在线上。

口碑传播有个很有意思的特点，那就是：线下的口碑传播以产品的传播为主，线上的口碑传播则是精神的传播和产品的传播并重。

以耐克跑鞋为例，大家在线下碰面谈起它的时候，可能更多是谈论它的轻便性、质量、价格等内容，很少谈论耐克所倡导的拼搏精神。而在微博等线上平台，大家更喜欢点赞和转发的，是耐克那些倡导拼搏精神的广告，而非介绍其跑鞋特点的内容；线上的口碑传播当然也有相反的情况，比如小明觉得喜茶的设计（杯子、门店）有点酷，当他想在朋友圈分享这件事时，他可能不会用文字渲染喜茶设计的那种酷，而只是简单发几张照片。

(2) 热点传播

热点传播，是产品方或品牌方以主动或被动的方式成为热门话题，并于短时间内在媒体上和人群中广泛传播。

通常而言，一个热点的形成存在三种可能：一，由口碑传播形成的热点，比如一些靠口碑火起来的电影；二，由广告传播形成的热点，比如一些由铺天盖地的广告形成的热点；三，由广告传播和口碑传播一起形成的热点，比如一些电影在上映之初只做了小规模的广告投放，但是因为口碑好，很快就引起网友的自发传播，最终成为热门电影。

热点的需求是客观存在的，整个社会也需要公共话题，而热点天然具备公共话题的属性，所以热点一般很受青睐。值得一提的是，热点的生命周期一般很短，类似昙花一现。热点之花凋谢后，能在用户的记忆里留下些什么，是个值得重视的问题。

(3) 广告传播

广告传播，是产品方或品牌方通过广告主动发起的一系列传播活动。广告既传播产品，也传播精神。

广告传播也有一个很有意思的特点，那就是相对而言，大家更喜欢分享那些传播精神的广告。比如很燃的耐克广告，以及主走搞笑和情感路线的泰国广告，在社交媒体上都广受欢迎且广为传播。

很多时候，我们不喜欢看广告，尤其是软件产品上的广告。这背后的原因是什么？或者说，广告传播面临的最大问题是什么？我认为是信任。

卫视或热门综艺里出现的广告，我们一般会比较信任。这种信任有时候不是因为广告本身，而是因为我们觉得品牌能花大价钱在这些平台打广告，应该是个有财力的大品牌，而有财力的大品牌会让人觉得比较可信。

软件产品中出现的很多广告，我们对它们的信任度一般较低。究其原因，是"有财力的大品牌"这个便捷的可依赖的判断标准消失了——网络上单次曝光或单次点击的广告费比较低，多数广告主不是有财力的大品牌，而是中小的或不太知名的品牌。这时，我们就只能依赖直觉对广告本身进行判断，这种判断既费时间，又冒一定风险，所以多数情况下，更快捷的经验（也许是偏见）就会占据上风——大多数"小广告"不可信，忽略就好了。

那么，怎样提升用户对广告的信任度？个人认为这取决于我们怎么理解广告。我个人更愿意把广告传播理解成人与人之间稀松平常的一次沟通，而不是那种轰轰烈烈风风火火的宣传。因为通过这个视角，我们或许能为广告传播的最大问题找到答案。

我们在第4章提过，沟通有两个向度，一是内容向度，二是关系向度。于广告而言，关系向度的核心是建立信任。想一想，朋友之间的沟通为什么通常能够建立信任？这里面并没有玄妙的技巧，有的通常是朴素的两点，一是真诚，二是多为对方考虑。优衣库在1999年投放的摇粒绒电视广告很成功，根据创始人柳井正的说法，这种成功主要得益于广告公司威登·肯尼迪给出的建议与创意，建议的核心部分是，"广告要表现出对视听者的尊重和敬意，不能把自己的意志强加给观众，要让观众根据各自的心智对广告内容进行判断。"

4. 沉淀：大浪淘沙

沉淀，是指品牌在成长过程中历经重重考验的过程。这重重考验，大致分为三类：诚意，平衡能力，发展能力。

诚意是指品牌真心且用心做产品的心意。人工智能、区块链、短视频等一波波浪潮使很多品牌心潮澎湃，纳斯达克和港交所的钟声也让无数品牌心驰神往。新浪潮和大资本都是双刃剑，它们既为品牌提供机会，也在考验着品牌的诚意。品牌如果真心且用心做产品，那产品就有机会被用户喜爱，或至少被用户接受，反之则不会。所以于追逐新浪潮的品牌而言，有诚意者就有机会在浪潮中乘风破浪，无诚意者终究会被浪潮或资本吞噬。无心插柳柳成荫，那些用心做产品、不追逐浪潮的品牌，最终往往会创造新的浪潮，引领潮流的同时也深受用户欢迎，比如大疆和喜茶。

平衡能力是指保持商业化和用户体验、用户价值之间平衡的能力。以免费为主的软件产品，其商业化无疑充满挑战，但也至关重要，因为事关生存和发展。工作中会出现这样的对话："这样做会伤害用户体验吧？""没办法，要挣钱的。"商业化和用户体验，往往被对立起来。人们会为那些优秀的软件产品和内容付费吗？很多时候是会的。商业化和用户体验之间，最好的关系应该是平衡。品牌借着这种平衡，才能健康平稳地发展。滑冰运动员在冰面上如果失去平衡，就容易摔跤，商业化和用户体验之间如果失去平衡，品牌也容易摔跤。

发展能力是指品牌生存下来以后，通过学习与创新，长期与用户保持"合作"关系的能力。品牌如人，也有自己的优势与劣势。值得一提的是，真正经得起时间考验的优势，应该是围绕满足用户需求、做好用户体验，而不是围绕战胜竞争对手。在品牌的发展能力方面，个人觉得这两点比较关键：一，怎么把优势发挥到极致，从而在优势方面永远领先；二，满招损谦受益，品牌在取得一定成功和赞誉后能否一直虚怀若谷，因为虚怀若谷是创新乃至革新的思想基础。

先来看下电商产品。以京东为例，虽然用户在京东上买到假货的新闻时有发生，但是整体上，当京东不断拓宽自己的商品种类时，大家基本会买账——数据显示，独立出来的京东健康在 2019 年年末已成全国规模最大的医药零售渠道，占零售市场 15% 以上的份额——这时品牌的价值就凸显出来了，这也使得京东在拓宽商品种类时会比较顺利。个中原因，个人觉得是大家在整体上比较信任京东。品牌会经历的重重考验，截至目前，京东基本经受住了：京东坚持正品路线，以自营的方式开局，花大力气投入物流，用户能感受到京东的诚意；凭借快递的便捷、售后的及时以及快递人员较高的职业素养，京东的用户体验不错，也即平衡能力不错；从 2004 年开启电商业务至今，京东已陪伴了用户 17 年，目前基本仍在健康平稳地发展，发展能力也不错。

再来看下 UGC 产品。截至 2021 年，豆瓣、B 站等产品陪伴用户的时间均已超过 10 年，它们已成为用户生活中很重要的一部分。目前来看，豆瓣、B 站的诚意、平衡能力和发展能力都还不错（具体不展开了，当然豆瓣的商业化能力目前弱些），所以我们有理由相信，豆瓣和 B 站能如包括我在内的广大用户所愿，再陪伴用户无数个 10 年。

千淘万漉虽辛苦，吹尽狂沙始到金。期待那些诚意满满、平衡能力和发展能力强的软件产品及其背后的品牌，也能和可口可乐（始于 1886）、优衣库（始于 1963）等传统商品品牌一样，与用户一路相伴。

结语

互联网在中国的蓬勃发展，不过二十几年的历史；互联网突破了地域的限制，使得大部分软件产品的竞争是全国性乃至全球性的——竞争非常充分。这两个主要因素叠加在一起，使得软件产品的经济基础要比传统商品的经济基础难上十倍，甚至百倍。

但是对软件产品而言，这是一条需要走完的漫漫征程。因为品牌只有把产品这个经济基础夯实了，才有可能去构建精神这个上层建筑：像传统商品一样，去为那些美好的精神代言。

TURING
图灵教育

站在巨人的肩上
Standing on the Shoulders of Giants